ISW 23

Berichte aus dem Institut für Steuerungstechnik
der Werkzeugmaschinen und Fertigungseinrichtungen
der Universität Stuttgart

Herausgegeben von Prof. Dr.-Ing. G. Stute

H. G. KLUG

Integration automatisierter technischer Betriebsbereiche

Springer-Verlag
Berlin · Heidelberg · New York 1978

D 93

Mit 68 Abbildungen

ISBN-13: 978-3-540-08704-5   e-ISBN-13: 978-3-642-81235-4
DOI: 10.1007/978-3-642-81235-4

Vorwort des Herausgebers

Das Institut für Steuerungstechnik der Werkzeugmaschinen und Fertigungseinrichtungen der Universität Stuttgart befaßt sich mit den neuen Entwicklungen der Werkzeugmaschine und anderen Fertigungseinrichtungen, die insbesondere durch den erhöhten Anteil der Steuerungstechnik an den Gesamtanlagen gekennzeichnet sind. Dabei stehen die numerisch gesteuerte Werkzeugmaschine in Programmierung, Steuerung, Konstruktion und Arbeitseinsatz sowie die vermehrte Verwendung des Digitalrechners in Konstruktion und Fertigung im Vordergrund des Interesses.

Im Rahmen dieser Buchreihe sollen in zwangloser Folge drei bis fünf Berichte pro Jahr erscheinen, in welchen über einzelne Forschungsarbeiten berichtet wird. Vorzugsweise kommen hierbei Forschungsergebnisse, Dissertationen, Vorlesungsmanuskripte und Seminarausarbeitungen zur Veröffentlichung.

Diese Berichte sollen dem in der Praxis stehenden Ingenieur zur Weiterbildung dienen und helfen, Aufgaben auf diesem Gebiet der Steuerungstechnik zu lösen. Der Studierende kann mit diesen Berichten sein Wissen vertiefen.

Unter dem Gesichtspunkt einer schnellen und kostengünstigen Drucklegung wird auf besondere Ausstattung verzichtet und die Buchreihe im Fotodruck hergestellt.

Der Herausgeber dankt dem Springer-Verlag für Hinweise zur äußeren Gestaltung und Übernahme des Buchvertriebs.

Stuttgart, im Februar 1972

Gottfried Stute

Inhaltsverzeichnis

Schrifttum

/ 1 /   Rechnerunterstütztes Entwickeln
                             und Konstruieren in den USA.
                             Gesellschaft für Kernforschung
                             KFK-CAD 7, Karlsruhe, 1976.

/ 2 /   Rohmert, W.   Arbeitswissenschaft I.
                             Vorlesungsmanuskript.
                             Darmstadt: Technische Hochschule,
                             1974.

/ 3 /   Debus, A.,   Struktur und Aufbau fertigungs-
        Storr, A.   technischer Programmiersysteme
                             bei integrierter Datenverarbei-
                             tung.
                             wt-Z. ind. Fertig. 66 (1976)
                             Nr. 3, S. 143...148.

/ 4 /   ISO/TC 97/SC 9   Numerical Control Processor
                             Input-Basis Part Program
                             Reference Language.
                             Document 97/9 N 51, ISO / TC 97 /
                             SC 9, July 1975.

/ 5 /   Waelkens, J.   Beitrag zur rechnerunterstützten
                             Auswahl von Fräswerkzeugen.
                             Berlin, Heidelberg, New York:
                             Springer Verlag, 1974.

/ 6 /   DIN 66 215   CLDATA, Programmierung numerisch
                             gesteuerter Arbeitsmaschinen.
                             August 1973.

/ 7 /   DIN 66 024   Code für 8-Spur-Lochstreifen.
                             März 1969.

/ 8 /   DIN 66 025   Programmaufbau für numerisch ge-
                             steuerte Arbeitsmaschinen.
                             September 1972.

/ 9 /   VDI 3422   Numerisch gesteuerter Arbeitsma-
                             schinen. Nahtstellen zwischen der
                             numerischen Steuerung (NC) und
                             der Anpaßsteuerung, März 1972.

/ 10 /   Gieseke, E.   Adaptive Grenzregelung mit selbst-
                             tätiger Schnittaufteilung für die
                             Drehbearbeitung.
                             Aachen: Dr.-Ing.-Diss., 1973.

/ 11 /   Stute, G.,   Adaptive Control bei Werkzeugma-
         Maier, K.,   schinen. Zusammenstellung und
         Schenke, L.   Auswertung von Literaturangaben.
                             VDW-Forschungsbericht, Frankfurt,
                             1972.

/ 12 /   Spur, G.,   Automatische Schnittaufteilung
         Peters, F.   bei der Drehbearbeitung im DNC-
                             Betrieb.
                             ZwF 70 (1975) Nr. 3, S. 105...
                             109.

/ 13 /   Pritschow, G.   Ein Beitrag zur technologischen
                             Grenzregelung bei der Drehbear-
                             beitung.
                             Berlin: Dr.-Ing.-Diss., 1972.

/ 14 /   Gather, M.   Rattervermeidung und automatische
                             Schnittaufteilung.
                             Vortrag auf dem 3. ACO-Abschluß-
                             Kolloquium Stuttgart am 26. März
                             1976.

/ 15 / Autorenkollektiv   ACO-Regelungen für Fräsmaschinen.
                                  PDV-Bericht Projekt Prozeßlenkung
                                  mit DV-Anlagen.
                                  Gesellschaft für Kernforschung
                                  KFK-PDV 83, Karlsruhe, 1976.

/ 16 / Stute, G.   Die Entwicklung der Steuerungs-
                                  technik unter dem Einfluß der
                                  Bauelemente.
                                  wt-Z. ind. Fertig. 66 (1976)
                                  Nr. 12, S. 683...690.

/ 17 / Nann, R.   Beitrag zur Automatisierung der
                                  Fertigung durch den Einsatz von
                                  Digitalrechnern.
                                  Berlin, Heidelberg, New York:
                                  Springer Verlag, 1972.

/ 18 / Bauer, E.   Beitrag zur Systematik und Ausle-
                                  gung rechnergeführter Steuerungs-
                                  systeme (DNC).
                                  Berlin, Heidelberg, New York:
                                  Springer Verlag, 1975.

/ 19 / Wentz, W.   Beitrag zur Automatisierung der
                                  Steuerung von Fertigungsprozessen
                                  durch den Einsatz von Digitalrech-
                                  nern.
                                  Berlin: Dr.-Ing.-Diss., 1973.

/ 20 / Stute, G.   Flexible Fertigungssysteme.
                                  wt-Z. ind. Fertig. 64 (1974)
                                  Nr. 3, S. 147...156.

/ 21 / Damsohn, H.   Fünfachsiges NC-Fräsen, ein Bei-
                                  trag zur Technologie, Teilepro-
                                  grammierung und Postprozessor-
                                  verarbeitung.
                                  Berlin, Heidelberg, New York:
                                  Springer Verlag, 1975.

/ 22 / Martin, J.   Computer Data-Base Organisation.
                                   London: Prentice-Hall-Interna-
                                   tional Inc., 1975.

/ 23 / Schlechtendahl, E. G.   Programmiersprachen im CAD-
                                   Bereich.
                                   Gesellschaft für Kernforschung,
                                   CAD-KFK 1, Karlsruhe, 1973.

/ 24 / Pahl, P. J.   Informationssystem Technik (IST).
                                   Gesellschaft für Kernforschung,
                                   CAD-KFK 2, Karlsruhe, 1975.

/ 25 /   REGENT-Handbuch.
                                   Gesellschaft für Kernforschung,
                                   Karlsruhe, 1976.

/ 26 / Allwood, R. J.   GENESYS - A Machine Independent
                                   System.
                                   In: Colloque internationale sur
                                   les systèmes intégrés en genre
                                   civil.
                                   Hrsg. von CEPOC, Lüttich, 1974.

/ 27 / Autorenkollektiv   Zwischenbericht zum Forschungs-
                                   vorhaben Maschinenbau Informa-
                                   tions- und Arbeitsbasis (MIAB),
                                   gefördert von der Gesellschaft
                                   für Kernforschung.
                                   Aachen, München, Stuttgart: 1976.

/ 28 / Karl, B.   Die Automatisierung der Ferti-
                                   gungsvorbereitung am Beispiel der
                                   NC-Programmierung für 2 1/2-di-
                                   mensionales Fräsen.
                                   Berlin, Heidelberg, New York:
                                   Springer Verlag, 1972.

/ 29 / Stute, G.,   EXAPT 3 Sprachbeschreibung.
        Opitz, H.,   Aachen: EXAPT-Verein, 1971.
        Spur, G.

/ 30 / Eitel, H.   NC-Programmiersystem. Beitrag zur
                             numerischen Verarbeitung eines
                             geometrischen Werkstückbeschrei-
                             bungssystems.
                             Berlin, Heidelberg, New York:
                             Springer Verlag, 1973.

/ 31 / Klug, H. G.,   Auswirkungen neuer Steuerungsent-
        Sanzenbacher, M.   wicklungen auf Programmiersysteme
                             unter besonderer Berücksichtigung
                             von AC.
                             Essen: Girardet-Verlag: HGF-Kurz-
                             berichte (Lose-Blatt-Sammlung),
                             Blatt 76/19.

/ 32 /   EXAPT 1.1 MAPEX-Sprachbeschrei-
                             bung. Vorl. Fassung Oktober 1975.
                             Aachen: EXAPT-Verein, 1975.

/ 33 / Stute, G.,   Die Steuerung flexibler Ferti-
        Binder, D.,   gungssysteme.
        Storr, A.   wt-Z. ind. Fertig. 65 (1975)
                             Nr. 6, S. 313...318.

/ 34 / Walker, T.   Direkte Steuerung von NC-Maschi-
                             nen mit dem IBM-System / 7.
                             Vortrag auf dem IBM-Seminar
                             "Technik und Einsatz von Prozeß-
                             rechnern".
                             Sindelfingen 23. bis 24. Januar
                             1974.

/ 35 / Klug, H. G.,   Numerische Steuerungen mit Spei-
        Kremper, D.   cher- und Korrektureinheit.
                             wt-Z. ind. Fertig. 65 (1975)
                             Nr. 6, S. 329...334.

/ 36 / Marx, H. J.,   Automatisierung - die heutige
        Stute, G.   Form der Rationalisierung im
                             Industriebetrieb.
                             VDI-Zeitschrift 109 (1967) Nr. 27,
                             S. 1259...1266.

/ 37 /   CONAPT.
                             Sundstrand Machine Tool, Belve-
                             dere, Illinois, 61008, Form No.
                             403 (1974).

/ 38 / Kirchner, H. J.   Datenspeicher.
                             Unterlagen des Lehrgangs Daten-
                             speicher, gehalten im interna-
                             tionalen Elektronikzentrum
                             München, 1974.

/ 39 / VDI 3426   Adaptive Control (AC) an spanen-
                             den Werkzeugmaschinen.
                             November 1975.

/ 40 / Abeln, O.,   Verknüpfung von Programmsystemen
        Bauhuber, F.,   zur integrierten Informations-
        Eitel, H.,   verarbeitung im Betrieb.
        Klug, H. G.,   wt-Z. ind. Fertig. 67 (1977)
        Walter, H.   Nr. 3, S. 139...143.

/ 41 / Eversheim, W.,   Stand und Entwicklungstendenzen
        Stute, G.,   der NC-Technik.
        Klug, H. G.,   wt-Z. ind. Fertig. 65 (1975)
        Pfau, D.   Nr. 5, S. 281...287.

Abkürzungen

A_0, A_1, A_2 Anfahrpunkte

AC	adaptive control
ACC	adaptive control constraint
ACO	adaptive control optimization
APT	automatically programmed tools, fertigungstechnisch orientierte Programmiersprache
BCD	binary coded decimal
BTR	behind tape reader
CAD	computer aided design
CAM	computer aided manufacturing
CLDATA	cutter location data
CNC	computer numerical control
DNC	direct numerical control
EDVA	elektronische Datenverarbeitungsanlage
EXAPT	extended subset of APT, fertigungstechnisch orientierte Programmiersprache
FORTRAN	problemorientierte Programmiersprache
GENESYS	general engineering system; integriertes Programmsystem
ICES	integrated civil engineering system; integriertes Programmsystem
ICETRAN	ICES-FORTRAN
IST	Informationssystem Technik; integriertes Programmsystem
KSP	Korrekturspeicher
LSTL	Lochstreifenleser
MIS	management information system
NC	numerical control
PC	programmable controller

PL/1   problemorientierte Programmiersprache

PP   Postprozessor, Anpassungsprogramm

PSP   Programmspeicher

REGENT   rechnergestützter Entwurf;
integriertes Programmsystem.

Formelzeichen und Einheiten

Zeichen	Einheit	Bedeutung
A_M	−	mittlere Anzahl der NC-Sätze pro NC-Programm
a	mm	Schnittiefe
a_{max}	mm	maximale Schnittiefe
a_o	mm	konstante Schnittiefe
A_W	−	Anzahl der NC-Worte/Satz
B	mm	Werkstückschnittbreite
e	mm	Exzentrizität der Fräserstellung
E_{Li}	Ze/s	Einlesegeschwindigkeit pro Satz
F	N	Schnittkraft
k_s	N/mm^2	spezifische Schnittkraft
K_{IS}	−	Kontur
KZ (JN, IL)	−	Konturzylinder
L	Ze	mittlere Zeichenzahl pro NC-Satz
M	Nm	Moment
N		Anzahl der gesamten NC-Programme
n	U/s	Drehzahl
n_z	Ze	Anzahl der Zeichen pro NC-Satz
P	W	Leistung
P_G	−	Gesamtpunktmenge
P_{MI}	−	Punktmenge
R_E	Ze/s	Einlesegeschwindigkeit
R_{EL}	Ze/s	Einlesegeschwindigkeit bei Verwendung eines LSTL
R_{EP}	Ze/s	Einlesegeschwindigkeit bei Verwendung eines PSP

$R_{EP,\,max}$	Ze/s	maximale R_{EP}
s_{min}	m/U	minimaler Vorschub
s_z	m/Zahn	Vorschub pro Zahn
s_w	mm	Verfahrweg/NC-Satz
T	s	mittlere Bearbeitungsdauer pro NC-Satz
T_{AUS}	s/Ze	Zeit/Zeichen für das Auslesen aus dem Aufbereitungsspeicher
T_E	s	Zeit für das Einlesen in die Steuerung
T_{EL}	s	Zeit zum Einlesen eines Satzes in die Steuerung bei der Betriebsart LSTL und KSP
T_{EP}	s	Zeit zum Einlesen eines Satzes in die Steuerung bei der Betriebsart PSP und KSP
T_G	s	mittlere Bearbeitungsdauer pro NC-Programm
T_K	s	Zeit für die Korrektur eines NC-Wortes
T_{LSL}	s/Ze	Zeit/Zeichen zum Lesen von dem LSTL
T_{PSP}	s/Ze	Zeit/Zeichen zum Lesen aus dem PSP
t_s	s	Zeitdauer pro Satz
T_Z	s/Ze	Zykluszeit der Speicherelemente
u	m/s	Vorschubgeschwindigkeit
v	m/s	Schnittgeschwindigkeit
v_{is}	mm/min	Bahngeschwindigkeit
X_{max}	mm	maximaler Rohteilradius
Ze		Zeichen
Z_K	Ze	Anzahl der Zeichen auf dem KSP
α	o	Kontursteigungswinkel
φ	o	Schnittwinkel

Verwendete EXAPT-Sprachworte

AC	Modifikator für AC-Bearbeitung
ACDAT	AC-Einstelldaten
BZUL	zulässige Schnittbreite
DATWZ	Daten
DATWZM	Maschinendaten
DURCHM	Durchmesser
FACMIL	Planfräsen
FEEDAS	Vorschub
FZUL	zulässige Schnittkraft
GOTO	Werkzeugpositionsangaben
MD	verfügbares Spindeldrehmoment
MEANDR	mäanderförmig
NM	verfügbare Motorleistung
NMAX	maximale Drehzahl
NMIN	minimale Drehzahl
SPEEDAS	Schnittgeschwindigkeit
UMAX	maximale Vorschubgeschwindigkeit
UMIN	minimale Vorschubgeschwindigkeit
TZUL	zulässige Standzeit
VB	zulässige Verschleißmarkenbreite
ZENE	Zähnezahl

Verwendete CLDATA-Worte

AUXFUN	Hilfsfunktion
COOLNT	Kühlmittel
CUT	Werkzeug im Einsatz
CUTTER	Werkzeugangaben
CYCLE	Bearbeitungszyklen
DELAY	Verzögerung
DNTCUT	Werkzeug nicht im Einsatz
FEDRAT	Vorschub
FROM	Werkzeugpositionsangabe
GODLTA	Werkzeugpositionsangabe
INSERT	Einfügen

INTOL	Toleranz-Angabe
LOADTL	Werkzeug laden
MACHIN	Maschine
MULTAX	mehrachsig
OPSTOP	wahlweise Halt
OUTTOL	Toleranz-Angabe
PARTNO	Teilenummer
PPRINT	Postprozessor-Ausdruck
RAPID	Eilgang
SELCTL	Werkzeugauswahl
SPINDL	Spindel
STOP	Halt
TOOLNO	Werkzeug-Identnummer
TOOLST	Werkzeugliste
UNITS	Einheiten
UNLOAD	Entladen

Verwendete Adreßbuchstaben, Sonder- und Steuerzeichen

CR, DEL, HT, %, LF, NUL, SL, :, SR	Sonder- und Steuerzeichen
N, G, X, Z, I, K, F, S, T, M	Adreßbuchstaben

1 Einleitung

Die Anzahl der rechnerunterstützten Lösungen für die Automatisierung von Teilaufgaben im Industriebetrieb nimmt ständig zu.
Für den Anwender ergibt sich hieraus zunehmend das Problem,
den betrieblichen Informationsfluß zwischen diesen Lösungen
optimal zu gestalten. Die sogenannte integrierte Informationsverarbeitung innerhalb eines Gesamtsystems gewinnt daher immer
mehr an Bedeutung.

Eine integrierte, bereichsüberschreitende Informationsverarbeitung bedeutet den umfassenden und konsequenten Einsatz von
Datenverarbeitung im Betrieb. Für einen Fertigungsbetrieb
folgt hieraus, daß die Datenverarbeitung sowohl in der Fertigung mit ihren Fertigungsmitteln als auch in den der Fertigung
vor- und nachgelagerten Bereichen eingesetzt wird.

Mit der Einführung von numerisch gesteuerten (NC, numerical
control) Fertigungseinheiten, bestehend aus numerischer Steuerung und Werkzeugmaschine, ist die Grundlage für die Einführung
von Datenverarbeitungsanlagen in der Fertigung mit ihren Fertigungsmitteln geschaffen. Die Entwicklungen der numerischen
Steuerungen sind in letzter Zeit durch den vermehrten Einsatz
von Prozeßrechnern und Mikroprozessoren gekennzeichnet.

Für die der Fertigung vor- und nachgelagerten Bereiche innerhalb einer integrierten Verarbeitung gilt es, den Informationsfluß im Rechner abzubilden. Grundkomponenten bei der
Realisierung sind Programme und Daten. Die Aufgaben der einzelnen Betriebsbereiche müssen dabei systematisiert und in
Algorithmen dargestellt werden. Die dazu notwendigen Daten
müssen gespeichert und verwaltet werden, so daß sie für unterschiedliche Betriebsbereiche zugänglich sind.

Die bisherigen Lösungen zur Automatisierung mit Rechnerhilfen
stellen sog. Insellösungen dar und sind in der augenblickli-
chen Form zur Integration noch nicht geeignet.

In der vorliegenden Arbeit ist zu untersuchen, welche Forderungen an ein Gesamtsystem zu stellen sind, das diese Insellösungen einbettet und welche Strukturen die zu erarbeitenden Realisierungen aufzuweisen haben. In diesem Zusammenhang wird die Eignung von integrierten Programmsystemen kritisch betrachtet.

Aufgrund der vorangegangenen Überlegungen soll für den speziellen Bereich der NC-Fertigung in dieser Arbeit ein integriertes Konzept erarbeitet werden. Dazu ist es notwendig, für die Teilbereiche Funktionsneuzuordnungen vorzunehmen und Schnittstellen festzulegen, da zum einen die Entwicklungen von Steuerungen einerseits und NC-Programmiersystem andererseits getrennt verlaufen sind und sich daher im Lauf der Zeit Aufgabenüberlappungen und Funktionsverlagerungen ergeben haben, zum anderen die geschichtlich gewachsenen Schnittstellen dem heutigen Stand der Technik nicht mehr gerecht werden.

Grundlage für eine Funktionsneuzuordnung und Schnittstellendefinition ist eine funktionale Analyse der zu integrierenden Komponenten. Dabei liegt der Schwerpunkt in dieser Arbeit auf NC-Programmiersystemen, Anpassungsprogrammen, numerischen Steuerungen und rechnergeführten Steuersystemen.

Aufgrund dieser Analyse ist eine funktionale Neuzuordnung für die untersuchten Bereiche unter der Berücksichtigung von tangierenden Betriebsabteilungen, wie Konstruktion und Entwicklung, zu verwirklichen.

Die aus dieser neuen Funktionszuordnung folgenden Notwendigkeiten sollen nicht zur Erstellung neuer Systemkomponenten führen, sondern es sollen bestehende Komponenten für eine Integration zugänglich gemacht werden bzw. hierzu notwendige Funktionen realisiert werden.

Untersuchungen, die auch in die Richtung einer Integration gehen, sind sehr häufig mit der Bezeichnung CAD/CAM versehen. Dabei steht CAD für computer aided design und beinhaltet den rechnerunterstützten Entwurf. CAM ist die Abkürzung von computer aided manufacturing und deckt die rechnerunterstützten Arbeiten ab, die ausschließlich im Vorfeld der numerisch gesteuerten Arbeitsmaschine liegen. Darunter sind alle Leistungen und Verfahren zur Planung und Kontrolle der Fertigung zu verstehen. Nach / 1 / zählt die numerische Steuerung selbst nicht mehr zu CAM. Da sie jedoch in diesen Untersuchungen einen zentralen Platz einnimmt, ist der Begriff CAD/CAM nicht ausreichend. Es wird daher in dieser Arbeit der Begriff integriertes Gesamtsystem verwendet.

2 Funktionale Analyse zu integrierender Komponenten

In den fünfziger Jahren wurden die ersten numerisch gesteuerten Werkzeugmaschinen vorgestellt. Die dabei eingesetzten Steuerungen waren aufgrund ihrer Aufbautechnik funktionsmäßig beschränkt. Wenige Jahre später wurden erste fertigungstechnisch orientierte Programmiersysteme entwickelt. Diese waren zunächst nur für eine Geometrie-Verarbeitung ausgelegt, d. h. eine Verarbeitung technologischer Daten, wie Schnittwertberechnung, Bahnzerlegung usw., war nicht möglich. Die Ergebnisdaten der Programmiersysteme waren maschinenunabhängig. Erst ein Anpassungsprogramm, welches die allgemeinen Daten für die spezielle Steuerung und Werkzeugmaschine spezifizierte, machte die Daten für die Weiterverarbeitung in der Steuerung nutzbar.

Aufbauend auf diesen Grundkonfigurationen setzten zwei Entwicklungsrichtungen ein. Zum einen wurden die Steuerungen weiter entwickelt. Die Forderung nach einem vergrößerten Funktionsumfang für numerische Steuerungen wurde von neuen Aufbautechniken begünstigt. Ein rascher Anstieg der Zahl neuer Steuerungsfunktionen wurde erzielt. Zum andern wurde für die Programmiersysteme eine immer weitergehende Automatisierung angestrebt. Die Einbeziehung Technologie verarbeitender Programmabschnitte war die Folge. Damit fanden maschinenspezifische Daten Eingang in die Programmiersysteme, so daß die Ergebnisdaten des Programmiersystems nicht mehr maschinenunabhängig waren. Dem Anpassungsprogramm verblieb nur noch eine darüber hinausgehende Anpassung an Steuerung und Maschine.

Die bis heute durchgeführten Weiterentwicklungen für NC-Programmiersysteme, Anpassungsprogramme, numerische Steuerungen und Steuersysteme sollen einer funktionalen Analyse unterzogen werden. Dabei bedient man sich vorteilhaft der Hilfe der Systemtechnik.

2.1 Funktions- und Schnittstellenbetrachtung mit Hilfe der Systemtechnik

Die Systemtechnik erweist sich bei der Analyse komplexer technischer Probleme als ein ausgezeichnetes Hilfsmittel. Die in dieser Wissenschaft gebräuchlichen Begriffe helfen vor allen Dingen bei der Abstraktion, Verallgemeinerung und Ordnungsmöglichkeit. Daraus ergeben sich Ansatzpunkte für Systematisierungen und Anregungen für weiterführende Überlegungen. Auf die wesentlichen Grundbegriffe soll zunächst kurz eingegangen und auf Folgerungen im Zusammenhang mit der Thematik dieser Arbeit hingewiesen werden.

Ein System ist eine Menge miteinander in Beziehung stehender Teile (Bild 2-1).

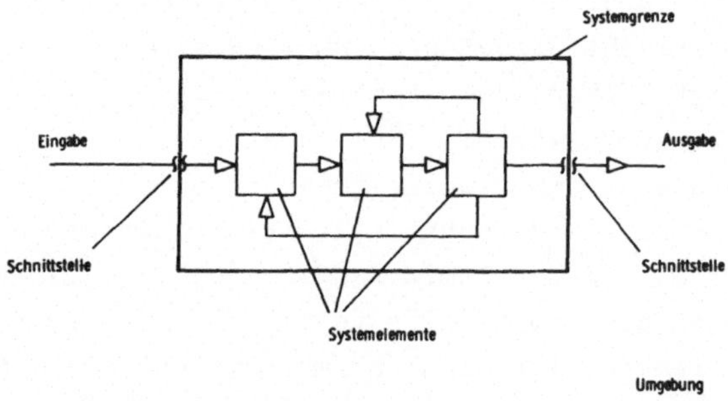

<u>Bild 2-1:</u> Allgemeines System

Die Betrachtung eines Bereichs verlangt eine exakte Abgrenzung, d. h. die Systemgrenze muß definiert werden. Damit sind gleichzeitig die Schnittstellen zur Umgebung festgelegt. Das System setzt sich aus Systemelementen zusammen, welche verschiedene Eigenschaften besitzen. Die Systemelemente stehen miteinander in Beziehung. Diese Beziehung bilden die Systemstruktur. Die Elemente eines Systems können wieder als Systeme dargestellt werden / 2 /.

Allgemein unterscheidet man zentrale und dezentrale Systemstrukturen. Zentrale Systemstrukturen weisen nur kurze Über-
tragungswege auf. Infolgedessen können sie mit geringem Aufwand überbrückt werden. Notwendige Schutzmaßnahmen gegenüber
der Umgebung können zentral durchgeführt werden. Dezentrale
Systeme verfügen über Kommunikationseinrichtungen zwischen den
Systemelementen. Der zu übertragenden Information, der Über-
tragungsgeschwindigkeit und der Entfernung zwischen den Ele-
menten muß hierbei besondere Beachtung geschenkt werden.

Bei der Zerlegung von Systemelementen oder auch Teilsystemen
geht man zweckmäßigerweise so vor, daß eine fest umreißbare
Funktion als solche deklariert wird. In Abhängigkeit von der
Realisierung des Systems handelt es sich um eine Baueinheit
oder einen Programmbaustein. Zum Aufbau komplexer Systeme ist
es sinnvoll, die Teilsysteme mit normierten Schnittstellen zu
versehen, um auf diese Weise einfach die Verbindung zu anderen
Teilsystemen herzustellen.

Im folgenden sollen nun, jeweils ausgehend von einem vorgegebenen System, der Funktionsumfang und damit die Teilsysteme und
die Struktur des Systems untersucht werden. Dabei gilt die
Aufmerksamkeit insbesondere dem Informationsfluß innerhalb
eines Systems. Durch die Definition des Funktionsumfangs wird
die Systemgrenze bestimmt und die Schnittstellen zur Umgebung
festgelegt. Ebenso wie dem Informationsfluß wird auch diesen
Schnittstellen zur Umgebung sowie den internen Schnittstellen
besondere Bedeutung bei den folgenden Darstellungen beigemes-
sen.

In Bild 2-2 wird ein System vorgestellt, welches das in dieser
Arbeit zu untersuchende Aufgabenspektrum umreißt. Dieses Gesamtsystem ist unidirektional gerichtet und entspricht in
seiner Gliederung einer Baumstruktur. Die Struktur der einzelnen Teilsysteme (Teilsystem 1...5) wird erst mit ihrer
Funktionszuordnung festgelegt. Diese Teilsysteme lassen sich
in übergeordnete, für sich arbeitsfähige Systeme eingliedern.

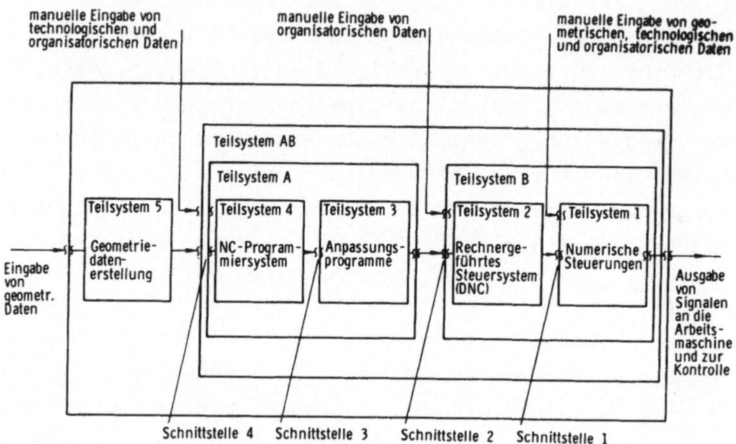

<u>Bild 2-2:</u> Gesamtsystem

Teilsystem 1 umfaßt die numerischen Steuerungen. Als Schnittstelle für jeweils eine numerische Steuerung ergibt sich die
manuelle Eingabe von geometrischen, technologischen und organisatorischen Daten und eine automatische Eingabe für Steuerdaten (Schnittstelle 1). Die Steuerdaten enthalten ebenfalls
Angaben zur Geometrie, Technologie und Organisation. Die Ausgabe beinhaltet zum einen die Signale an die angeschlossene
Arbeitsmaschine und zum anderen Kontrollsignale zur Überwachung. Teilsystem 2 repräsentiert das rechnergeführte Steuer-
system. Über die Schnittstelle 2 erfolgt die einmalige Eingabe
der Steuerdaten in das System. Der organisatorische Ablauf
wird mit Hilfe von Daten gesteuert, die über eine weitere
Schnittstelle in das System einfließen. Das Teilsystem 3 wird
von den Anpassungsprogrammen gebildet. Die Schnittstelle zum
vorgelagerten NC-Programmiersystem ist in / 6 / beschrieben.
Dem NC-Programmiersystem (Teilsystem 4) obliegen wesentliche
Funktionen der Steuerdatenerstellung. Aufgrund von geometrischen, technologischen und organisatorischen Angaben (Schnittstelle 4 und manuelle Eingabe) werden die Funktionen ausgeführt. Im Gesamtsystem werden, ausgehend von der Eingabe, die

geometrischen Daten erzeugt.

Die aufgezeigten Schnittstellen sind bezüglich des Informationsumfang wiederum abhängig von den Funktionen der einzelnen Teilsysteme oder Systemelemente. Die Informationsdarstellung an einer Schnittstelle hängt von der verwendeten Technik für die Teilsysteme ab. Auf die Funktionen und die dazugehörigen Schnittstellen der Teilsysteme soll in den nächsten Kapiteln mit besonderer Berücksichtigung neuer Entwicklungen näher eingegangen werden.

2.2 NC-Programmiersysteme

Problemorientierte Programmiersysteme, deren Eingabe die Formulierung von Fertigungsaufgaben zulassen und deren Verarbeitungsprogramme Algorithmen zur Erstellung von NC-Steuerdaten enthalten, können als NC-Programmiersysteme definiert werden. Ihre Struktur entspricht der eines allgemeinen Programmiersystems PPS, welches nach / 3 / durch das Tripel

$$PPS = (L, P, D)$$

beschrieben ist. Dabei sind L die Programmiersprache, bestehend aus Syntax und Semantik, P die Verarbeitungsprogramme, welche das in der Programmiersprache notierte Problem verarbeiten unter Zuhilfenahme von Dateien D. Bild 2-3 zeigt den Zusammenhang der einzelnen Systemelemente und die sich ergebenden Schnittstellen. Die Programmiersprache L dient den Verarbeitungsprogrammen P als Eingabe und repräsentiert gleichzeitig eine Schnittstelle zur Umgebung. Die Gestaltung der Schnittstelle, d. h. der Umfang der möglichen Informationseingabe, wird von den Funktionen, die mit den Verarbeitungsprogrammen realisiert werden, bestimmt. Sie ist in einem ISO-Entwurf für APT-(automatically programmed tools)ähnlichen Sprachen festgehalten / 4 /. APT-ähnliche Programmiersysteme sind unter der Vielzahl konkurrierender Systeme am weitesten verbreitet / 5 /.

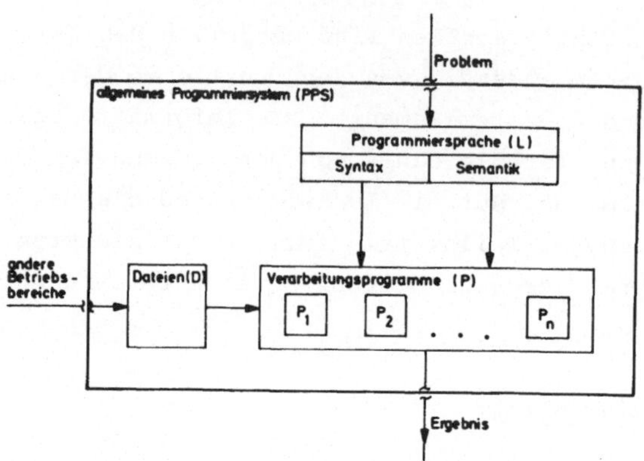

<u>Bild 2-3:</u> Allgemeines Programmiersystem

Die Dateien D stellen Daten, die zur Lösung des eingegebenen
Problems benötigt werden, wie z. B. Werkzeugdaten, den Verarbeitungsprogrammen zur Verfügung. Die Zusammenstellung dieser
Daten wird z. T. in anderen Betriebsbereichen vorgenommen. Es
findet somit ein bereichsüberschreitender Informationsfluß
statt. Die Menge der bereitgestellten Daten richtet sich nach
der Datenanforderung der einzelnen Verarbeitungsprogramme.
Diese wächst mit steigendem Umfang und Komfort des Programmiersystems.

Die Ergebnisse des Programmiersystems stellen eine weitere
Schnittstelle zur Umgebung dar. Ihre Formulierung erfolgt im
sogenannten CLDATA. Hierfür liegt eine deutsche Norm vor / 6 /.
Die Definition in der Norm lautet: "CLDATA ist eine Sprache
für NC-Prozessorausgabedaten, die als Eingabe für NC-Postpro-
zessoren verwendet werden. Der Name "CLDATA" ist von dem eng-
lischen Ausdruck "cutter location data" (Werkzeugpositionsda-
ten) abgeleitet." Der Postprozessor wird auch als Anpassungsprogramm bezeichnet. Durch die Verwendung der Ausgabedaten als
Eingabedaten entsteht eine Verarbeitungskette. Diese Definition entspricht einem gewissen Stand der Technik und läßt neue

Überlegungen, wie z. B. eine direkte Eingabe des CLDATA in die
Steuerung, nicht zu.

Der Funktionsumfang der Programmiersysteme variiert stark, da
sie häufig für bestimmte Fertigungsprobleme oder für spezielle
Werkzeugmaschinen oder für bestimmte Rechner ausgelegt sind.
In dieser Arbeit soll der Funktionsumfang des Systems EXAPT
näher untersucht werden, da es zum einen zu den APT-ähnlichen
Sprachen zählt und zum andern exemplarisch für ein Technologie verarbeitendes System genannt werden kann.

Bild 2-4 zeigt eine Ausbaustufe des EXAPT-Systems. Nach der
Verarbeitung programmtechnischer Information des Teileprogramms,
hierunter sind zu verstehen die Interpretation sowie die syn-
taktische und sequentielle Anweisungsprüfung, das Auflösen von
Schleifen und Makros, werden die definierten Geometrien in
eine kanonische Form gebracht.

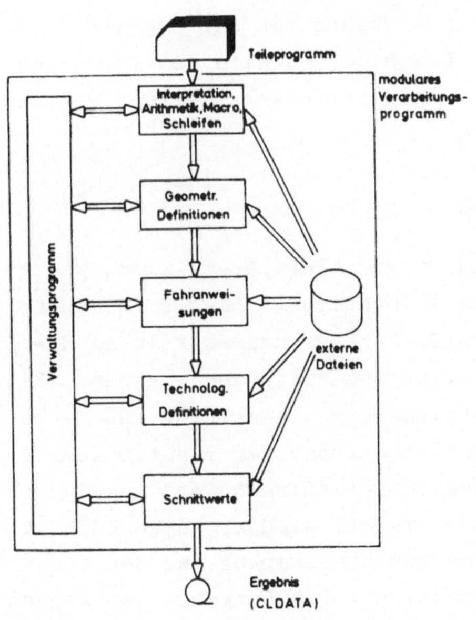

Bild 2-4: Verarbeitung eines Teileprogramms

Ausgehend von dieser kanonischen Form werden in den darauffol-
genden Programmteilen technologische Verarbeitungen vorgenommen. Im EXAPT-System existieren Programmabschnitte für die
Werkzeugauswahl, die Schnittaufteilung, die Bahnzerlegung, die
Schnittwertberechnung und einfache Werkzeugbewegungen. Mit
Ausnahme der einfachen Werkzeugbewegungen - es werden die im
Teileprogramm angegebenen Werkzeugpositionen direkt verarbeitet - handelt es sich um automatisierte Bereiche, die als Rand-
bedingung die zu fertigende Geometrie, die zur Verfügung stehenden Werkzeuge und die Eigenschaften der Werkzeugmaschine
berücksichtigen.

Die vollständige Verarbeitung des Teileprogramms erfolgt unter
der Kontrolle des Verwaltungsprogramms. Die einzelnen Funk-
tionsprogramme bedienen sich zur Problemlösung externer Dateien.

Neben den Schnittstellen zwischen den einzelnen Programmabschnitten ergibt sich als wesentliche interne Schnittstelle
die Nahtstelle beim Übergang von der Geometrie- zur Technologie-Verarbeitung. Diese Trennstelle ist vor allen Dingen im
Hinblick auf eine integrierte Verarbeitung von Bedeutung (siehe
Kapitel 5.1.1).

2.3 Das Anpassungsprogramm

Die Ergebnisse des Programmiersystems sind, wie in Kapitel 2.2
angegeben, im CLDATA formuliert. Dieses Zwischenergebnis wird
in einem nachfolgenden Anpassungsprogramm an die Eigenschaften
der speziellen Fertigungseinrichtung angepaßt (Bild 2-5). Für
jede verschiedenartige Werkzeugmaschine muß demnach ein Anpassungsprogramm erstellt werden. Der Funktionsumfang des Anpassungsprogramms hängt einerseits von dem verwendeten Programmiersystem ab, andererseits wird er wesentlich von den Eigenschaften der eingesetzten Steuerung und der angeschlossenen
Werkzeugmaschine bestimmt. Die Aufgaben des Anpassungsprogramms bestehen vor allen Dingen im Berechnen von Koordinaten-
werten, im Umcodieren und Kontrollieren mit weitgehender Feh-

lerdiagnose, darüber hinaus im Ausführen von Anweisungen, im
Einfügen von Informationen, im Auflösen von Arbeitszyklen, in
der Berücksichtigung von Arbeitsbereichen und in der Erstellung von Listen mit Betriebsdaten.

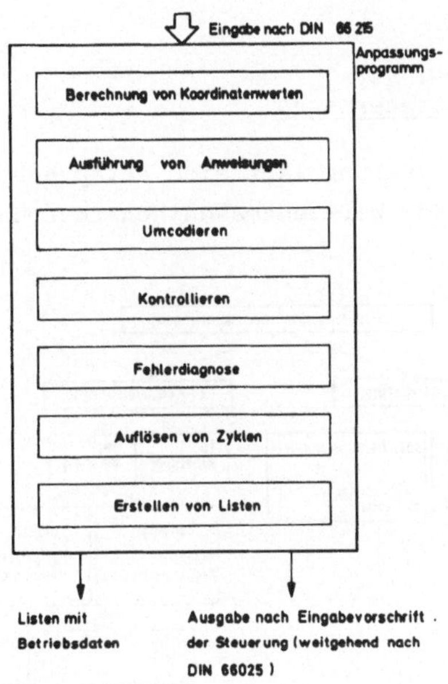

Bild 2-5: Anpassungsprogramm

Die CLDATA-Norm ist umfassend, d. h. es lassen sich alle Fer-
tigungsvorgänge im CLDATA formulieren. Aus diesem Grunde kann
sie als allgemeines Ergebnis eines Programmiersystems aufge-
faßt und als Ausgangspunkt für das Erstellen eines Anpassungsprogramms verwendet werden. Aus der umfassenden Norm werden
im speziellen Anwendungsfall die Teile herausgesucht, die für
die geeignete Steuerung und Werkzeugmaschine in Frage kommen.
Für sie werden dann Programmabschnitte geschrieben, die eine
Anpassung an die Eingabevorschrift der Steuerung vornimmt.
Diese Eingabevorschrift stützt sich weitgehend auf / 8 /, jedoch geht sie im Detail zum Teil über sie hinaus, zum Teil
sind Vorgänge in der Norm nicht definiert. Die vielfältigen

Abweichungen von der Norm, die man bei den bestehenden Steuerungen antrifft, bereiten bei der Erstellung von Anpassungsprogrammen besondere Schwierigkeiten. Aus diesem Grunde sind
die Bemühungen um ein generalisiertes Anpassungsprogramm, d. h.
ein Anpassungsprogramm, das alle Anforderungen abdeckt, ohne
Erfolg geblieben.

2.4 Numerische Steuerungen

Die numerische Steuerung läßt sich entsprechend Bild 2-6 in
eine Systematik der Werkzeugmaschinensteuerungen einordnen.

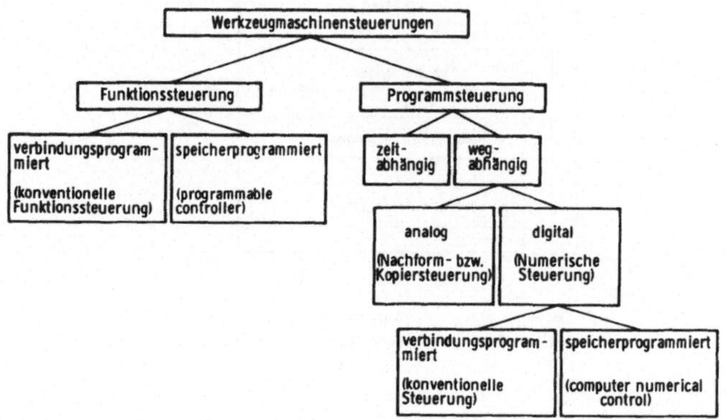

<u>Bild 2-6:</u> Werkzeugmaschinensteuerungen

Sie gehört zu den Programmsteuerungen. Hierunter versteht man
alle die Einrichtungen, die aufgrund ein und derselben Eingabeinformation eine einmal festgelegte Ausgabereaktion erzeugen. Dabei kann die Ausgabereaktion aus parallelen Ausgaben bestehen, die von einer Folge von Einzelausgaben gebildet werden.

Untersuchungen über den Stand der Technik von numerischen
Steuerungen im Hinblick auf eine integrierte Datenverarbeitung lassen sich in die Darstellung der <u>Aufbautechnik</u> und der
<u>Funktionen</u> gliedern. Dabei ist den sich ergebenden <u>Schnitt-
stellen</u> hinsichtlich Informationsgehalt und Informationsdar-

stellung besondere Bedeutung zu schenken. Ausgehend von diesen
Untersuchungen läßt sich eine <u>Systematik</u> von Steuerungsfunktionen angeben.

Aufbautechnik

Der Aufbau numerischer Steuerungen entspricht einem gewissen
Stand der Technik, wobei der Aufwand der zu bewältigenden
Steuerungsaufgabe und die entstehenden Kosten von wesentlichem
Einfluß auf den Einsatz sind. Bild 2-7 zeigt verwendete Auf-
bautechniken für numerische Steuerungen.

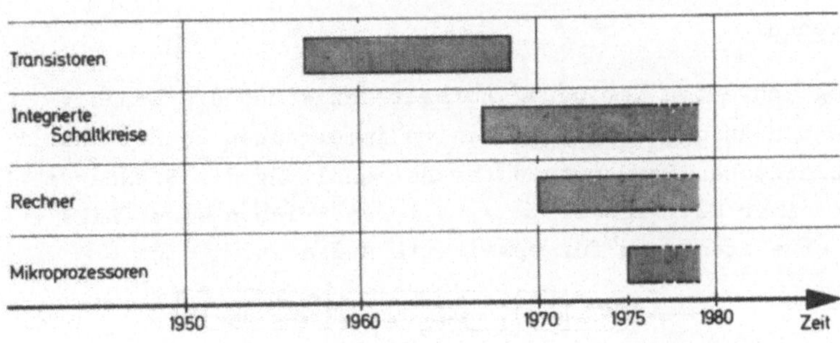

<u>Bild 2-7</u>: Verwendete Techniken in numerischen Steuerungen

Waren die ersten Steuerungen noch mit diskreten Bauelementen
aufgebaut, so finden heute integrierte Bauelemente Anwendung
in sogenannten festverdrahteten Steuerungen. Einem Aufbau mit
integrierten Schaltkreisen zur Steuerung von komplizierten
Einrichtungen sind jedoch wirtschaftliche Grenzen gesetzt, so
daß häufig hier Prozeßrechner die festverdrahtete Logik ersetzen. Solche Steuerungen, in denen ein Rechner die Steuerungsaufgabe vollständig bzw. teilweise übernimmt, sind unter
dem Begriff CNC (computer numerical control) bekannt.

Der Einsatz von Rechnern in numerischen Steuerungen ist mit
den Begriffen Flexibilität, standardisierte Hardware und ko-
stengünstige Lösung für Sondersteuerung eng verbunden. Die

Anwendung von programmierbaren Prozessoren in Steuerungen
bietet zukünftig weitergehende Möglichkeiten. Diese Art von
Steuerungen sind unter dem Begriff Mehrprozessor-Steuerungen
bekannt. Es finden moderne elektronische Bauelemente, wie
Mikroprozessoren oder mikroprogrammierbare Prozessoren, Anwendung, die jeder für sich eine bestimmte Funktion oder einen
Funktionsbereich realisieren. Die Verbindung der auf diese
Weise modularisierten Hardware, wobei die Probleme in jedem
Modul softwaremäßig gelöst werden, erfolgt über Sammelleitun-
gen. Der Einsatz dieser neuen Technologie steht erst am Anfang
der Entwicklung.

Funktionen

Die Möglichkeiten der neuen Aufbautechnik und die ständig
steigenden Anforderungen führen zu immer neuen Funktionen in
der numerischen Steuerung unter Beibehaltung der Standardfunktionen einer NC, wie sie in / 16 / beschrieben wird. Bild 2-8
zeigt eine Steuerung für erweiterte Aufgaben.

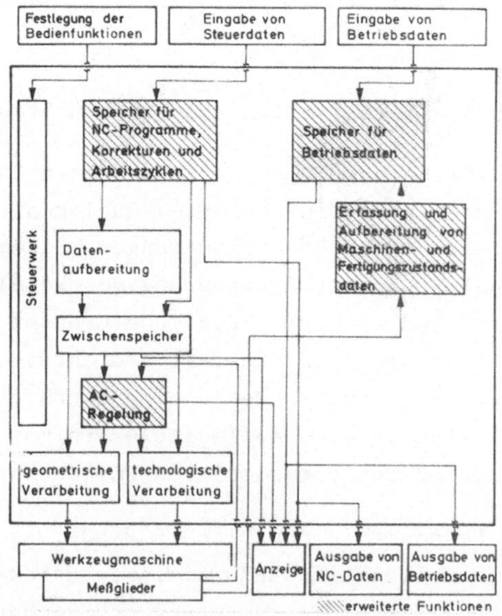

<u>Bild 2-8:</u> Funktionsblöcke der erweiterten numerischen Steuerung

Die erweiterten Funktionen einer numerischen Steuerung beziehen sich auf die Erfassung und Aufbereitung von Maschinen- und Fertigungszustandsdaten, auf die damit verbundenen Überwachungs- und Diagnosefunftionen, auf die Speicherung ganzer NC-Programme und deren Korrektur, auf die Integration der Funktionssteuerung und auf die Übernahme geometrischer und technologischer Regelungen. Man erreicht mit der Übernahme zusätzlicher Funktionen:

- eine weitergehende Automatisierung,
- eine erhöhte Sicherheit für Werkzeug, Werkstück und Werkzeugmaschinen,
- eine einfachere Programmierung und
- einen erweiterten Bedienungskomfort.

Die Erfassung und Aufbereitung von Zustandsdaten schaffen die Grundvoraussetzungen für eine automatisierte Überwachung und Diagnose. Anhand dieser Daten werden Verfahren entwickelt, die vorbeugend in den Prozeß eingreifen und somit die Zahl der Betriebsausfälle vermindern. Mit der Erfassung der Fertigungszeiten, der Stückzahlen, der Durchlaufzeiten usw. werden Basisdaten sowohl für das Lagerwesen, die Materialdisposition und die Fertigung als auch für die betriebswirtschaftliche Abteilung geschaffen. Es bestehen damit Anknüpfungspunkte für eine umfassendere Integration.

Eine erhöhte Sicherheit für Werkzeug, Werkstück und Werkzeugmaschine erzielt man durch sogenannte AC-(adaptive control) Einrichtungen. Mit diesen on-line-Regelungen wird auf die während der Zerspanung auftretenden, zeitlich veränderlichen Störeinflüsse, die von Maschine, Werkzeug, Werkstück und Umgebung herrühren, reagiert, indem Meßwertaufnehmer eine oder mehrere Kenngrößen des Zerspanprozesses erfassen (z. B. Kräfte, Momente, Leistungen), Regeleinrichtungen diese mit Grenzwerten vergleichen und über Stellgrößen (z. B. Vorschubgeschwindigkeit, Spindeldrehzahl) auf diese Grenzwerte ausregeln (ACC, adaptive control constraint). Es gelingt mit solchen Einrichtungen, sowohl die Hauptzeit als auch die Nebenzeit zu verkürzen. Durch diesen Einsatz der technologischen Nutzungs-

reserven werden die Betriebsmittel weitmöglichst ausgelastet
und es wird ein Beitrag geliefert zur Produktivitätssteigerung
hochwertiger Fertigungseinrichtungen. Des weiteren wird beim
Einsatz von ACC-Einheiten der Bedienmann von lästigen Überwa-
chungsfunktionen befreit, da hiermit für den Schutz von Werkzeugmaschine, Werkstück und Werkzeug automatisch gesorgt wird.

Neben den beschriebenen Grenzregelungen existieren darüber
hinaus ACC-Einrichtungen, die mit der zusätzlichen Eigenschaft
der automatischen Schnittaufteilung ausgestattet sind. Die
Aufgabe dieser Einrichtungen ist es, die Abarbeitung größerer
Zerspanungsvolumina selbsttätig vorzunehmen, d. h. in den Fällen, in denen die Abarbeitung des Zerspanvolumens eine Aufteilung in mehrere Schnitte erfordert, muß eine selbsttätige
Schnittaufteilung durch die Verwendung der Werkzeugzustellung
als Stellgröße erfolgen.

In Bild 2-9 sind einige Strategien zur Schnittaufteilung dargestellt. Hierbei handelt es sich um die bekannt gewordenen
Strategien zur Schnittaufteilung von Drehteilen / 10, 11, 12,
13 /.

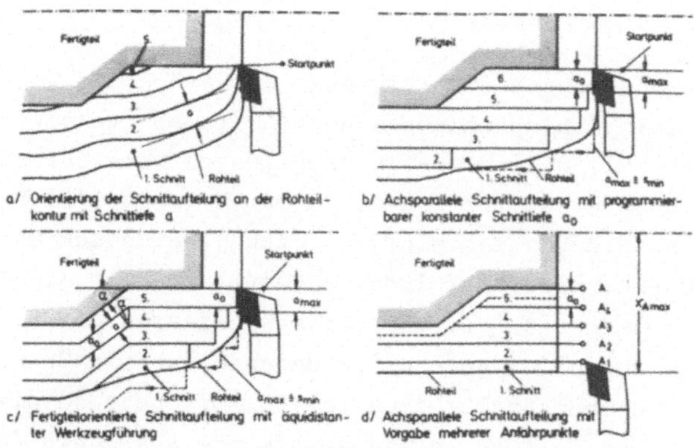

Bild 2-9: ACC-Drehen, Methoden zur Schnittaufteilung

Die Schnittaufteilung für Fräsoperationen hingegen ist aufgrund
der dreidimensionalen und nicht rotationssymmetrischen Werkstückgeometrien erheblich schwieriger. Ein Maß für die Kompli-
ziertheit des Problems gibt die benötigte Arbeitsspeichergröße
(20 K Worte mit einer Wortlänge von 60 bit) bei der Imple-
mentierung von Programmen zur Bahnzerlegung und Schnittaufteilung auf Großrechenanlagen im Zusammenhang mit NC-Programmier-
sprachen wieder. Beschränkt man sich jedoch auf das Herstellen
von Planflächen mit einem Stirnfräser, so kann man auch hier
eine Strategie zur automatischen Schnittaufteilung angeben
/ 14 /.

Anders als in Grenzregelungen wird in Optimierregelungen (ACO,
adaptive control optimization) das Maximum bzw. das Minimum
einer vorgesehenen Zielfunktion angestrebt. Kann dies aus
Gründen eines Über- oder Unterschreitens eines Grenzwertes
nicht erreicht werden, wird zumindest das temporäre Optimum
gehalten. Die Zielfunktion wird in den meisten Fällen entweder
von der Fertigungszeit oder von den Fertigungskosten beeinflußt. Entsprechend dem Vorgang bei Grenzregelungen werden dem
Fertigungsprozeß zerspantechnische Kenngrößen über Meßwertaufnehmer entnommen. Anhand dieser gemessenen Werte ermittelt
eine Optimiereinrichtung neue Stellgrößen. Die neuen Werte
werden entweder mit Hilfe eines algorithmischen Modells berechnet oder über ein geeignetes Suchverfahren bestimmt. Eine
beispielhafte Ausführung eines ACO-Systems ist in / 15 / beschrieben.

Eine wesentlich einfachere Programmierung erreicht man durch
die selbsttätige Auflösung von Bohroperationen und das Verarbeiten von Unterprogrammen und betriebsspezifischen Arbeitszyklen in der Steuerung. Dies gilt insbesondere für Anwender,
die manuell programmieren. Es reduziert sich der Umfang der zu
programmierenden Sätze. Für jene Anwender, die maschinell
programmieren, bringt diese zusätzliche Funktion in der Steuerung nur dann einen Vorteil, wenn das eingesetzte Programmiersystem in Verbindung mit dem Anpassungsprogramm nicht über
diese Eigenschaften verfügt. Der Anwender erzielt dann gerin-

gere Programmlaufzeiten bei der maschinellen Programmierung.

Für einen erweiterten Bedienungskomfort bieten CNC's und Steuerungen auf der Basis von Mikroprozessoren vielfältige Möglichkeiten. In so aufgebauten Steuerungen können vollständige NC-
Programme bzw. große Programmabschnitte abgelegt werden. Auf
diese Weise ist es möglich, die Programme in der Steuerung zu
korrigieren und zu optimieren. Dabei kann die Fehleranzeige
auf einem Bildschirm den Korrekturvorgang unterstützen. Man
erzielt infolge dieser Unterstützung verminderte Korrekturzei-
ten und eine bessere Auslastung der Fertigungseinheit.

Schnittstellen

Die wesentlichen Schnittstellen einer numerischen Steuerung
mit Standardfunktionen sind in Bild 2-10 angegeben.

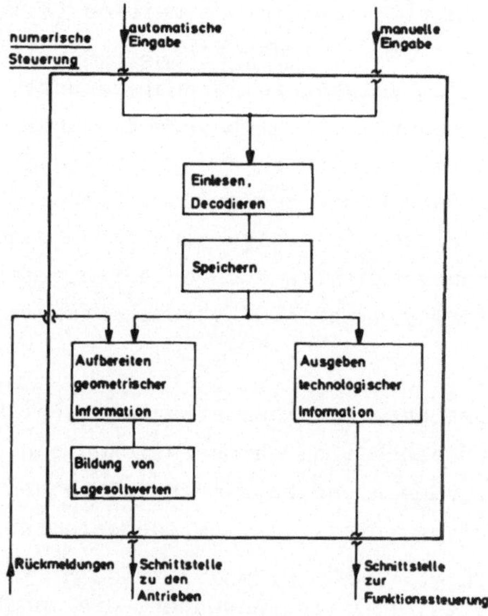

Bild 2-10: Schnittstellen einer numerischen Steuerung

Die automatische Eingabe ist ein Datentransfer von einem Programmspeicher. Hier findet man bislang am häufigsten einen
Lochstreifenleser mit einem Lochstreifen als dazugehörigem
Programmspeicher. Diese Schnittstelle ist durch / 7, 8 / definiert. Die manuelle Eingabe ist abhängig vom Funktionsumfang
und Bedienungskomfort der Steuerung und durch keine Norm festgelegt. Sie läßt sowohl die Festlegung von Bedienfunktionen
als auch die Eingabe von NC-Daten zu. Die Ausgabeschnittstelle
zur Funktionssteuerung wird in / 9 / vorgeschrieben. Die Funktionssteuerung (Bild 2-5) bedeutet hier die Zusammenfassung
der in der Richtlinie genannten Anpaß- und Maschinensteuerung.
Die weiteren Schnittstellen zu den Antrieben bzw. die Schnittstelle der Rückmeldungen sind nicht festgelegt und können un-
terschiedlich gestaltet werden.

Durch die Hinzunahme neuer Funktionen in eine Steuerung entsprechend Bild 2-8 ergeben sich zusätzliche Schnittstellen.
Neben einer neuen Ein- und Ausgabe für Betriebsdaten und einer
erweiterten Eingabe von Korrekturen erhält man weitergehende
Eingabemöglichkeiten für modifizierte Programmabläufe. Eine
umfassende Anzeige ist ebenfalls in dem Konzept enthalten.
Darüber hinaus verlangt die AC-Einheit eine weitere Schnittstelle für die aus dem Fertigungsprozeß herausgezogenen Daten.
Bedingt durch die Möglichkeit, NC-Programme in der Steuerung
zu ändern, ist eine zusätzliche Ausgabe der korrigierten Daten
erforderlich. Der Informationsgehalt an bereits bestehenden
Schnittstellen ändert sich ebenfalls, da die jetzt in der
Steuerung realisierten Funktionen zugeschnittene Eingabe-In-
formationen verlangen.

Systematik

Den gesamten Umfang der Steuerungsfunktionen zeigt Bild 2-11.
Man unterscheidet dabei Bedienfunktionen und Verarbeitungs-
funktionen. Letztere sind im Hinblick auf die hier durchgeführten Untersuchungen weiter zu unterteilen in die Funktionen
mit Einfluß auf die Programmierung und jene ohne Einfluß auf
die Programmierung. Funktionen ohne Einfluß werden beispiels-

weise maschinenspezifisch einmal mit Eingabeparametern versehen, die dann regelmäßig in größeren Zeitabständen überprüft
werden (z. B. Losekompensationen). Mit der Abkehr von mit
Relais aufgebauten Funktionssteuerungen eröffnen sich zwei
Wege zur Realisierung der Funktionssteuerung. Die Aufgaben
werden entweder von sogenannten programmierbaren Steuerungen
(PC, programmable controller) übernommen oder sie werden softwaremäßig in einer CNC gelöst. Für die vorgeschaltete Programmierung bleiben diese Vorgänge jedoch ohne Bedeutung.

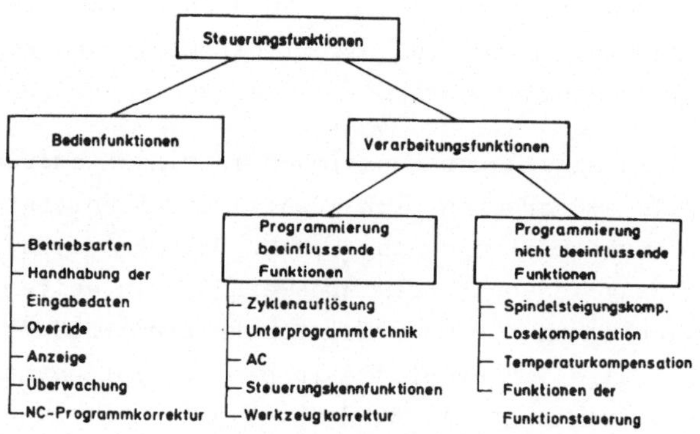

__Bild 2-11:__ Systematik der Steuerungsfunktionen

Die Zyklenauflösung, die Unterprogrammtechnik, AC, Steuerungskennfunktionen und die Werkzeugkorrektur sind für die NC-Programmierung und das Anpassungsprogramm jedoch von außerordent-
licher Bedeutung.

Für den Fall der Zyklenauflösung und Unterprogrammtechnik in
Steuerungen ist es notwendig, geeignete Beschreibungsmöglichkeiten in der Programmiersprache vorzusehen. Das Anpassungsprogramm muß schließlich eine formatgerechte Aufbereitung der
Daten vornehmen. AC-Systeme bestimmen durch Regelungen Vorschubgeschwindigkeit, Spindeldrehzahl und/oder geometrische
Größen. Eine Abstimmung mit den Programmabschnitten, Schnitt-

aufteilung und Schnittwertermittlung des Programmiersystems
muß erfolgen. Unter Steuerungskennfunktionen sind die Funktionen und Daten zu verstehen, die die Steuerung charakterisie-
ren. Sie kennzeichnen die Steuerungsart, die Interpolations-
arten und die Steuerungskenndaten wie Interpolationsbereich,
Eingabefeinheit etc. Diese Angaben müssen für jede Steuerung
dem Programmiersystem bzw. Anpassungsprogramm vorliegen. Den
einzusetzenden Werkzeugen werden bereits im Teileprogramm entsprechende Werkzeugkorrekturschalter zugewiesen. Die genauen
Korrekturwerte werden erst zum Zeitpunkt der Fertigung eingegeben.

Ausblick

Der Übernahme neuer Funktionen in eine CNC sind dann Grenzen
gesetzt, wenn zum einen der Speicherplatz nicht ausreicht und
zum anderen die zeitlichen Anforderungen nicht mehr erfüllt
werden können. Unter zeitlichen Anforderungen ist zu verstehen, daß Freischneidemarken bei der Bearbeitung eines Werkstücks aufgrund zu langsamer Verarbeitung in der Steuerung
entstehen. Dies ist umso mehr zu beachten, da der Prozeßrechner die anstehenden Aufgaben nur sequentiell abarbeitet. Anders ist es hingegen für Mikroprozessor-Steuerungen. Für weiterführende Steuerungsaufgaben werden zusätzliche Mikroprozessoren hinzugefügt, die nebeneinander parallel arbeiten können.
Es ergeben sich auf diese Weise Mehrprozessorsysteme mit modularer Struktur (Bild 2-12). Jeder Modul umfaßt dann einen genau umrissenen Funktionsumfang. Man erhält mit standardisier-
ten Hardware-Elementen aufgebaute Steuerungen, bei denen die
Hardware der jeweiligen Steuerungsaufgabe angepaßt ist. Der
Datenaustausch zwischen den einzelnen Funktionsblöcken geschieht über ein internes Bus-System. Hierbei besitzen die
Module eine standardisierte Schnittstelle, so daß später entwickelte Steuerungsfunktionen entsprechend den Anforderungen
der Schnittstelle in das System eingebracht werden können.

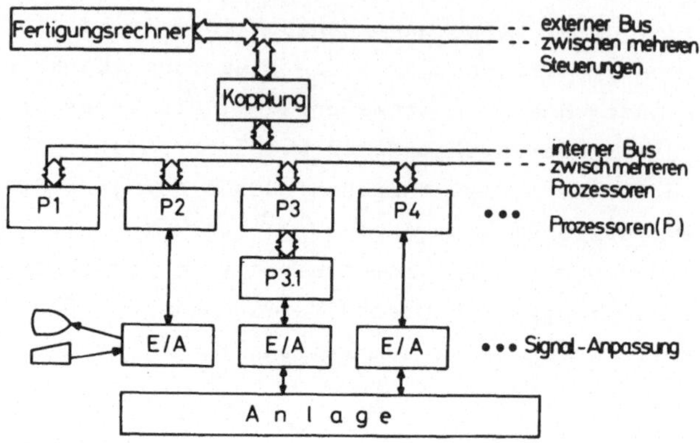

Bild 2-12: Prinzip eines modularen Mehrprozessor-Steuer-
systems / 16 /

2.5   Rechnergeführte Steuersysteme

Ein DNC-(direct numerical control)System ist mit den Funktionen NC-Programmverwaltung und NC-Datenverteilung grundsätzlich beschrieben. Diese beiden Funktionen werden als Grundfunktionen bezeichnet. Die Prinzipien und Eigenschaften dieser
zentralen Datenversorgung mehrerer NC-Maschinen sind an anderen Stellen ausführlich beschrieben worden / 17, 18, 19 /.

Bild 2-13 zeigt ein mit Grundfunktionen ausgerüstetes DNC-System. Es ergeben sich demnach eine Eingabeschnittstelle für
die NC-Programme und mehrere Ausgabeschnittstellen für die NC-
Daten. Die Anzahl der Ausgabeschnittstellen entspricht der
Zahl der angeschlossenen NC-Maschinen. Die Zahl der möglichen
anschließbaren NC-Maschinen wird technisch durch das Zeitver-
halten der einzelnen Komponenten bestimmt. Die Ausgabegeschwin-
digkeit des DNC-Rechners begrenzt ebenso die Anzahl der anschließbaren Maschinen wie die Daten-Anforderungsrate jeder
einzelnen Maschine. Da das Gesamtsystem Eigenschaften eines
Speichers aufweist, ist die eingegebene Information gleich der
ausgegebenen Information, wobei das Format in / 8 / festgelegt
ist.

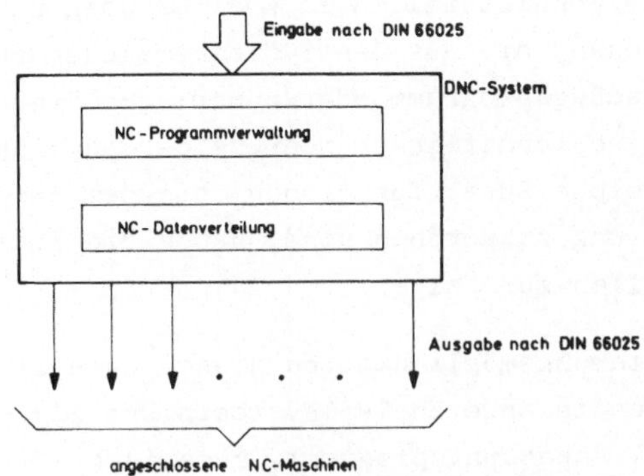

Bild 2-13: Grundfunktionen eines DNC-Systems

In vielen realisierten DNC-Systemen ist der Funktionsumfang durch Zusatzfunktionen erweitert (Bild 2-14).

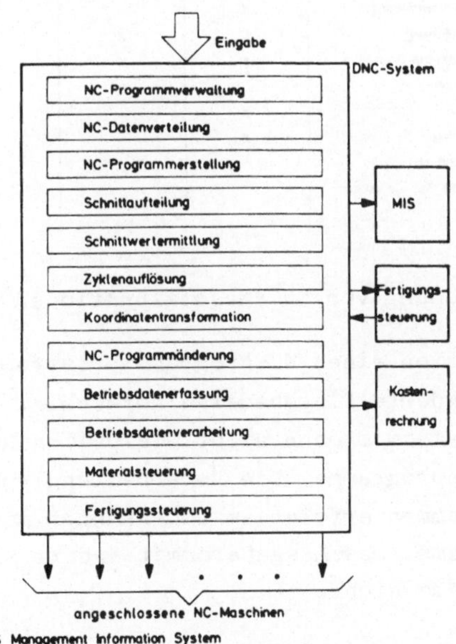

Bild 2-14: Grund- und Zusatzfunktionen eines DNC-Systems

Diese Zusatzfunktionen lassen sich entsprechend ihres Einflusses auf die Schnittstellen in zwei Gruppen unterteilen. Zusatzfunktionen, die aus den Systembereichen NC-Programmiersystem, Anpassungsprogramm oder numerische Steuerung stammen, bewirken eine inhaltliche Änderung der angeführten Schnittstellen. Solche Zusatzfunktionen, die dem Bereich der Fertigungssteuerung zuzuordnen sind, haben die Einführung neuer Schnittstellen zur Folge.

Die Realisierungsmöglichkeiten dieser Zusatzfunktionen von DNC-Systemen in anderen Teilsystemen des Bildes 2-2 (NC-Programmiersystem, Anpassungsprogramm, numerische Steuerung) gibt das Bild 2-15 wieder. Hieraus lassen sich vielfältige Varianten der Funktionszuordnung ableiten.

Zusatzfunktionen in DNC-Systemen	NC-Programmiersystem	Anpassungsprogramm	numerische Steuerung
NC-Programmerstellung	X		
Schnittaufteilung	X		X
Schnittwertermittlung	X		X
Zyklenauflösung	X	X	X
Koordinatentransformation	X	X	X
Modifikation		X	X
Korrektur	X		X
Optimierung	X		X
Anpassung an temporäre Zustände			X

Bild 2-15: Zuordnung von DNC-Zusatzfunktionen

Bei der Integration eines NC-Programmiersystems in ein DNC-System sind geänderte Eingabedaten notwendig. Die Eingabedaten in das DNC-System sind dann nicht wie üblich NC-Programme, sondern NC-Teileprogramme. Die Verarbeitung von Teileprogrammen zu NC-Programmen erfolgt im DNC-Rechner mit Hilfe des NC-Programmiersystems. Das Ausgabeformat ändert sich durch diese Funktionsübernahme nicht.

Bezüglich der Funktion Schnittaufteilung und Schnittwertermittlung bedarf es einer auf diese Funktionen zugeschnittenen Eingabeinformation, wie sie z. B. in / 39 / angegeben sind. Die vorher beschriebene Speichereigenschaft des DNC-Systems ist in diesem Fall nicht mehr gegeben, da die Ausgabedaten nicht mehr identisch sind mit den Eingabedaten, weil neue Sätze eingeschoben bzw. bestehende Sätze geändert werden.

Mit Hilfe der Zyklenauflösung werden auf Anforderung geometrische Abläufe im DNC-System generiert. Damit können in allen NC-Programmen die gleichen Zyklen aufgerufen werden, unabhängig davon, welche Steuerung jeweils angesprochen wird. Auch in diesem Fall entsprechen die Ausgabedaten nicht mehr den Eingabedaten.

Dies gilt auch bei der Durchführung von Koordinatentransformationen im DNC-System. Die geometrischen Angaben des NC-Programms sind im Werkstückkoordinatensystem beschrieben. Die Transformation in das Werkzeugmaschinenkoordinatensystem erfolgt erst nach der Programmierung, wenn die Aufspannlage bekannt ist. Vor allen Dingen für den Fall der mehrachsigen Bearbeitung bringt diese Funktionsverlagerung aus dem Anpassungsprogramm einfache Bedienungsfunktionen und verbesserte Korrekturmöglichkeiten mit sich / 21 /, wenn diese Funktionen aus der Steuerung im DNC-Rechner zentralisiert sind.

Änderungen, die in das NC-Programm eingebracht werden, haben unterschiedliche Ursachen. Aus diesem Grund wird hier zwischen Modifikation, Korrektur, Optimierung und Anpassung an einen temporären Zustand unterschieden. NC-Programmodifikationen sind Änderungen an fehlerfreien und optimierten NC-Programmen zum Zweck der Anpassung an eine Steuerung, z. B. Codewandlung EIA/ISO oder absolut/inkremental Bemaßung. Korrekturen innerhalb eines NC-Programms dienen der Beseitigung fehlerhafter Daten. Mit NC-Programmoptimierungen erzielt man entweder kürzere Fertigungszeiten oder eine kostengünstigere Fertigung durch die Änderung von Daten in fehlerfreien NC-Programmen. Nicht zuletzt bewirkt die Anpassung des NC-Programms an den temporären Zustand von Werkzeugmaschine und Werkzeug eine bessere Auslastung der eingesetzten Arbeitsmaschine. Vorübergehende Fehler treten auf durch Werkzeugverschleiß, Voreinstellfehler der Werkzeuge, Änderungen der geometrischen Verhältnisse aufgrund von Erwärmungen und Aufspannungenauigkeiten.

Das Zusammenspiel von Zyklenaufbereitung und Programmodifikation führt dazu, daß mit einem Eingabeformat gearbeitet werden kann. Die Anpassung an das entsprechende Format der Steuerung erfolgt im DNC-System. Es entsteht auf diese Weise eine standardisierte Eingabeschnittstelle.

Weitere Zusatzfunktionen innerhalb von DNC-Systemen rufen neue Schnittstellen hervor (Bild 2-14). Es ergeben sich Schnittstellen zu den Betriebsbereichen Fertigungssteuerung und zur Kostenrechnung. Hinzu kommt noch die Schnittstelle zum übergreifenden MIS (management information system). Die Eingabe von Terminplänen, Arbeitsplänen und Lagerplänen erlauben dem DNC-System, unter Berücksichtigung vorgegebener Kriterien, wie z. B. kürzeste Durchlaufzeiten, eine Zuordnung von NC-Programmen zur NC-Maschine durchzuführen und Daten für das Werkzeug- und Werkstücklager zu generieren. Hieraus werden die Daten für den Materialfluß abgeleitet. Eine direkte Erzeugung der Steuerdaten für die Lager- und Transportsteuerung ist damit möglich. Durch die Integration der Betriebsdatenerfassung und -verarbeitung ergeben sich aufgrund von Messungen und Überwachungen zusätzliche Ausgabedaten. Sie dienen einerseits zur Dokumentation des Fertigungsprozesses, andererseits findet eine Kontrolle der Fertigungsabläufe und der Fertigungseinrichtungen statt.

2.6 Zusammenfassung

Die Ergebnisse der funktionalen Analyse der Teilsysteme des Gesamtsystems (Bild 2-2) lassen sich in zwei wesentlichen Punkten zusammenfassen. Zum einen treten Aufgabenüberschneidungen auf und zum andern sind die realisierten Funktionen häufig nicht aufeinander abgestimmt. Die Folgerungen, die sich hieraus für ein integriertes Gesamtsystem ergeben, liegen in einer funktionalen Zuordnung für die Komponenten des Gesamtsystems sowie einer Festlegung der Schnittstellen zwischen den Komponenten.

Unabhängig von den Funktionen der Komponenten sind übergeordnete Anforderungen an das Gesamtsystem zu stellen. Dabei sind grundsätzlich Fragen der Realisierungsmöglichkeiten zu untersuchen und deren Eignung im Hinblick auf die Anforderungen zu überprüfen.

3 Das integrierte Gesamtsystem

3.1 Forderungen an das Gesamtsystem

Der betriebliche Informationsfluß in einem Fertigungsbetrieb
erstreckt sich von der Idee bzw. Planung bis zum fertigen Produkt. Dabei sind für den Fluß beide Richtungen sowohl zum Produkt hin als auch vom Produkt weg von Bedeutung. In beiden
Richtungen treten technische und organisatorische Informationen auf / 36 /. Dabei beziehen sich die technischen Informationen auf alle jene Daten, die sich mit der Geometrie und der
Technologie des zu fertigenden Produkts befassen. Die organisatorischen Daten bestimmen den Fertigungsablauf, d. h. in
welcher Art die Daten in den einzelnen Fertigungsstufen wei-
terverarbeitet werden und welche begleitenden Maßnahmen getroffen werden müssen.

Die Realisierung der Informationsflüsse erfolgt heute in den
meisten Fällen auf der Basis konventioneller Hilfsmittel. Hier
sind in erster Linie die Mensch-zu-Mensch-Kommunikation, die
manuell erstellten Unterlagen und Zeichnungen zu nennen. Für
Teilaufgaben der Informationsverarbeitung innerhalb der Informationsflüsse existieren bereits rechnerunterstützte Lösungen.
In der vorliegenden Form sind diese Insellösungen weitgehend
in sich geschlossen und die Voraussetzungen für einen Zusam-
menschluß sind bisher kaum berücksichtigt.

Aufgrund der Erkenntnisse über die unterschiedlichen Informa-
tionszusammenhänge innerhalb eines Betriebs gewinnt die Integration zunehmend an Bedeutung. Es bietet sich in diesem Fall
an, die Integration mit Hilfe der EDV durchzuführen, da sie
über entsprechende Eigenschaften verfügt. Zum einen können
große Datenmengen gespeichert, verwaltet und ausgewertet, zum
anderen können Berechnungen mit großer Genauigkeit schnell
durchgeführt werden.

Bild 3-1 hält die Betriebsbereiche fest, die von dem integrierten Gesamtsystem abgedeckt werden sollen. Gleichzeitig

werden beispielhaft dazugehörige Insellösungen aufgezeigt, die
in das Gesamtsystem zu integrieren sind. Der Beschränkung auf
technische Betriebsbereiche liegt der Gedanke zugrunde, in ab-
sehbaren Zeiträumen realisierbare Systeme aufzubauen. Eine Einbeziehung dieser Entwicklung in betriebswirtschaftliche Bereiche ist zu einem späteren Zeitpunkt anzustreben.

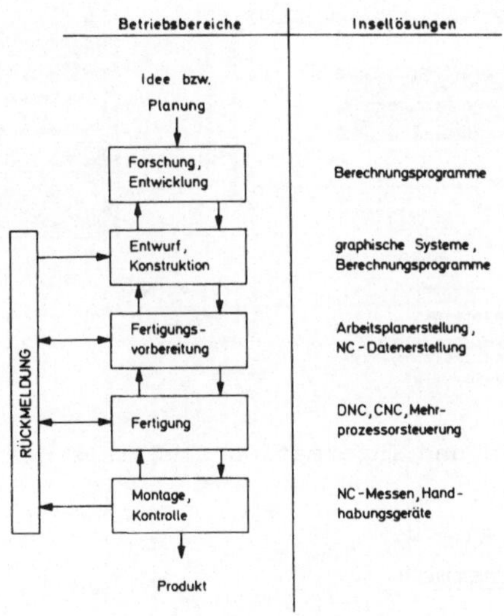

<u>Bild 3-1:</u> Mögliche Rechnerunterstützung in einzelnen Verarbei-
tungsstufen

Die Ziele eines integrierten Gesamtsystems sind sowohl eine
schnelle, fehlerfreie Informationsverarbeitung, als auch ein
störungsfreier, flexibler Informationstransport. Durch die Reduzierung manueller Tätigkeiten, die weitergehende Automatisierung der Teilbereiche und die Überführung der Mensch-zu-
Mensch-Kommunikation in eine Mensch-Maschine-Kommunikation
wird ein Beitrag zur Steigerung der Wirtschaftlichkeit und
Produktivität geleistet.

Die Forderungen an das Gesamtsystem sind gekennzeichnet durch
die Anforderungen an die Teilsysteme. Systemeigene Programme,
Anwenderprogramme bzw. Programmiersysteme sowie Daten sind die
wesentlichen Bestandteile des Gesamtsystems. Den Aufbau eines
solchen Systems zeigt Bild 3-2.

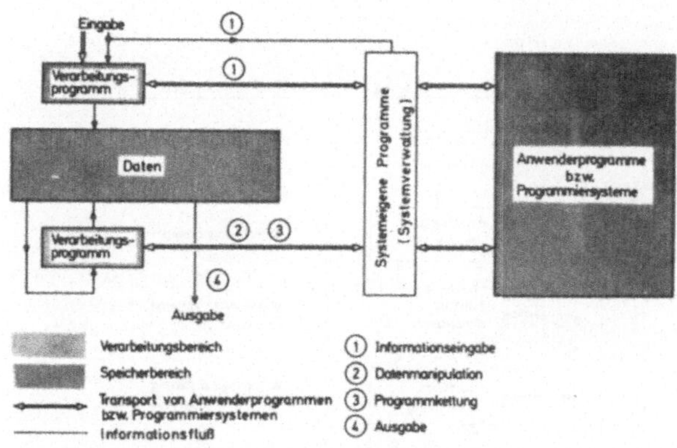

Bild 3-2: Aufgaben und Informationsfluß in einem integrierten
Gesamtsystem

Systemeigene Programme

Die systemeigenen Programme dienen der Verwaltung und Wartung
der gespeicherten Daten, Dateien und Programme und erlauben
deren Steuerung. Durch die Steuerung von Programmfolgen wird
die Realisierung des Informationsflusses erreicht. Die systemeigenen Programme sind in Bild 3-2 mit dem Begriff Systemver-
waltung gekennzeichnet. Sie sind hauptsächlich für die Anwenderfreundlichkeit des Gesamtsystems verantwortlich. Hierunter
ist die Benutzung des Systems ohne vertiefte Kenntnisse der
speziellen Hardware bzw. die Kenntnisse einer rechnerzuge-
schnittenen Programmiersprache zu verstehen. Ein einheitlicher
und übersichtlicher Gesamtaufbau unterstützt die geforderte
Anwenderfreundlichkeit. Das Hinzufügen weiterer bereits be-
stehender Programme sowie das Löschen nicht mehr benötigter

Programme gehören ebenfalls zu den Forderungen an das Gesamtsystem. Beim Aufbau neuer Anwenderprogramme werden von den
systemeigenen Programmen Hilfen erwartet.

Anwenderprogramme bzw. Programmiersysteme

Die Anwenderprogramme bzw. Programmiersysteme dienen den
eigentlichen Problemlösungen. Ihr Funktionsumfang stellt ein
Maß für die erreichte Integration dar, d. h. je mehr Programme
ins Gesamtsystem einbezogen sind, umso umfassender ist die Integration. Der Unterschied zwischen Anwenderprogrammen und
Programmiersystemen ist darin zu sehen, daß die Programmiersysteme über eine eigene Programmiersprache verfügen. Die Anwenderprogramme hingegen sind Berechnungsprogramme, die keine
eigene Programmiersprache besitzen. Sowohl die Anwenderprogramme als auch die Programmiersysteme sollten in einer einheitli-
chen Programmiersprache notiert sein. Auf diese Weise gelingt
es, Programme einheitlich aufzubauen. Aus Gründen der Zentral-
speicherplatzersparnis ist eine modulare Struktur zu wählen.
Ein einmal so festgelegter Aufbau ist im Hinblick auf eine pro-
blemlose Wartung besonders geeignet.

Die Verarbeitungsart der Programme bzw. Programmiersysteme ist
für ein integriertes Gesamtsystem von wesentlicher Bedeutung.
Sie muß sich an den Problemstellungen orientieren, d. h. in
Abhängigkeit von der Problemstellung ist die Verarbeitungsart
zu wählen. Es muß sowohl die Stapelverarbeitung als auch die
interaktive Verarbeitung möglich sein. Sind beispielsweise um-
fangreiche Rechenvorgänge bei einer vergleichsweise geringen
Menge an Eingabeinformationen durchzuführen, ist die Stapelverarbeitung vorzuziehen. Sollen hingegen häufig Entscheidun-
gen bei nur schwer algorithmierbaren Problemen, die bekannt-
lich mit viel weniger Aufwand vom Menschen durchgeführt werden,
getroffen werden, ist die interaktive Verarbeitung zu wählen.

Daten

Die Daten des Gesamtsystems werden von den einzelnen Bereichen
unter verschiedenen Gesichtspunkten betrachtet und ausgewertet.
Für eine effektive Datenhandhabung sind daher folgende Forderungen von wesentlicher Bedeutung:

- Unabhängigkeit der Daten von den Programmen,
- minimale Redundanz und
- Möglichkeiten der Datenmanipulation.

Die Unabhängigkeit der Daten von den Programmen ist notwendig,
damit für den Fall einer Änderung der physikalischen Abspei-
cherung, d. h. bei einer Änderung der Datenorganisation oder
der Hardware die Programme unberührt bleiben. Man spricht in
diesem Zusammenhang von der physikalischen Datenunabhängigkeit.
Darüber hinaus kennt man die logische Datenunabhängigkeit.
Eine logische Datenunabhängigkeit liegt dann vor, wenn bei Änderung der logischen Datenstruktur aufgrund von Modifikatio-
nen, z. B. im Anwenderbereich, keine Änderung der Programme
erforderlich ist. Die logische Datenunabhängigkeit ist jedoch
bislang in keinem System realisiert / 22 /.

Die Forderung nach minimaler Redundanz beinhaltet, daß alle
zu speichernden Werte möglichst nur einmal im Speicher abgelegt werden. Für den speziellen Anwendungsfall bedeutet die
Forderung nach minimaler Redundanz, daß ständig zwischen Spei-
cherkosten und Programmieraufwand abgewägt werden muß.

Das gezielte Ansprechen der Daten ohne Rücksicht auf die Struktur ist die Grundvoraussetzung für Datenmanipulationsmöglich-
keiten. Zur Datenmanipulation gehören alle Aufgaben der Verwaltung und Wartung. Es sind im einzelnen die Aufgaben:

- des Sortierens,
- des Ergänzens,
- des Ersetzens,
- des Löschens,
- des Umwandelns und
- des Aufbereitens.

3.2 Realisierungsmöglichkeiten

3.2.1 Strukturen für eine Gesamtkonfiguration

Neben der Speicherung und Verwaltung von Daten und Programmen
soll das Gesamtsystem die einzelnen Teilsysteme miteinander
verknüpfen und den Gesamtablauf steuern. Für ein solches System ergeben sich zwei Realisierungsmöglichkeiten / 40 /.

Liegen nur wenige Teilsysteme für das Gesamtsystem vor, können sie über Anpaßprogramme verkettet werden (Bild 3-3).

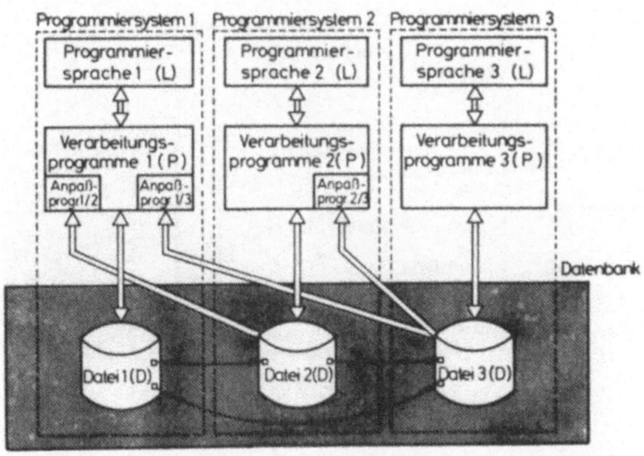

<u>Bild 3-3:</u> Integration auf der Ebene von Dateien

Diese Interface-Programme ermöglichen die Übergabe der Daten
von einem Teilsystem zum anderen. Die Zwischen- und Ergebnisdaten werden in einer Datenbasis gesammelt und von einem Daten-
banksystem verwaltet. Vorteilhaft an dieser Vorgehensweise
ist, daß existierende Programme ohne Änderung als autonome
Teilsysteme übernommen werden können. Die Programme unter
eigener Verwaltung sind ohne das Gesamtsystem betriebsfähig.
Man ist damit in der Lage, eine jeweils externe separate Wartung beizubehalten. Nachteilig erweist sich diese Realisierung
dann, wenn weitere, noch nicht vorhandene Teilsysteme erstellt
werden müssen. Es müssen in bereits bestehenden Programmen

vorhandene Programmabschnitte nochmals programmiert werden.
Es ergibt sich also bezüglich des Programmieraufwandes Redundanz. Hinzu kommt der Mehraufwand an Speicher. Neben diesen
Aspekten wird auch ein Ausbau des Systems zunehmend kompli-
zierter, da mehr Teilsysteme miteinander kommunizieren sollen,
was eine wachsende Menge von Anpaßprogrammen nötig macht.

Eine andere Realisierungsform sieht vor, die unabhängig von-
einander konzipierten Datenverwaltungen der Teilsysteme unter
eine gemeinsame Datenverwaltung zu stellen. Wird zusätzlich
auch noch die Verwaltung von Programmen zentral zusammengefaßt, spricht man von sogenannten Systemkernen (Bild 3-4).

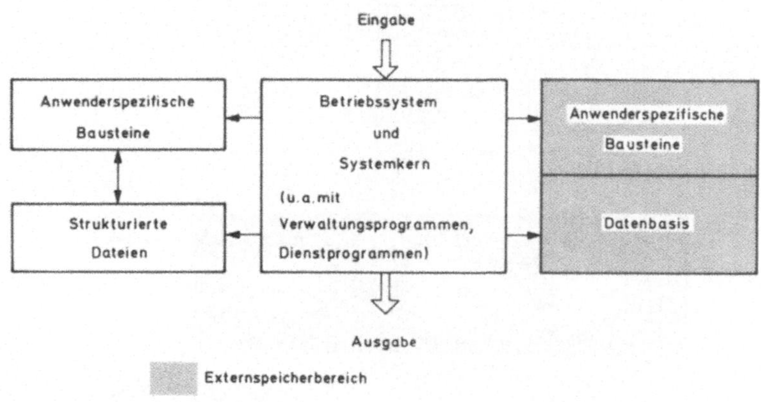

Bild 3-4: Integration auf der Ebene von Programmsystemen

Alle Verwaltungsroutinen müssen somit nur einmal erstellt werden. Das Erstellen neuer Teilsysteme und das Hinzufügen zum
Gesamtsystem ist wesentlich vereinfacht. Die Teilsysteme müssen nur an die Erfordernisse der zentralen Verwaltungsprogramme angepaßt werden. Man erhält eine Hardware-Unabhängigkeit
für die Teilsysteme. Für solche Rechner, auf denen die zentralen Verwaltungsprogramme existieren, sind die Teilsysteme
portabel. Das Gesamtsystem wird effizienter, je mehr Teilsysteme integriert sind. Nachteilig an dieser Realisierungsmöglichkeit ist, daß bereits funktionstüchtige Systeme vor allen

Dingen hinsichtlich der Datenorganisation, der Datenstruktur und der verwendeten Programmiersprache überarbeitet werden müssen. Dies erschwert unter Umständen eine optimale Anpassung an die Einzelproblematik. Auch sind die ehemals autonomen ablauffähigen Teilsysteme nur noch in Verbindung mit dem zentralen Verwaltungssystem anwendbar. Die Erstellung von Systemkernen ist mit erheblichem Aufwand verbunden, so daß sich diese Realisierungsmöglichkeit erst bei der Integration einer größeren Anzahl von Teilsystemen lohnt. Inwieweit bestehende Systemkerne die generellen Anforderungen des Gesamtsystems erfüllen, soll in Kapitel 3.3 untersucht werden.

3.2.2 Realisierungsmöglichkeiten für Programmiersysteme

Die Anwenderprobleme werden in erster Linie in einzelnen Berechnungsprogrammen oder in den zur Verfügung stehenden Programmiersystemen gelöst. Bei der Realisierung von Programmiersystemen ist neben der Verarbeitungsart die Verarbeitungsform von Bedeutung. Man unterscheidet die kompilierende und die interpretierende Verarbeitungsform.

Da die Verarbeitungsformen wesentlichen Einfluß auf die Anwenderfreundlichkeit haben und zudem die Gestaltung des Gesamtsystems entscheidend mitbestimmen, sollen sie in bezug auf:

- die Anwendung,
- den Speicherbedarf,
- die Maschinenzeit und
- Realisierung des interaktiven Betriebs

untersucht und gegeneinander abgegrenzt werden.

Bei der kompilierenden Methode wird in einer Sprache ein Algorithmus formuliert. Dabei stellen die Sprachelemente Grundalgorithmen zur Definition von Problemen einer bestimmten Thematik dar. Mit Hilfe eines Übersetzers und Binders wird der auf ein Problem zugeschnittene Algorithmus in ein ausführbares Rechnerprogramm übersetzt und anschließend in einem weiteren Verarbeitungsschritt zur Ausführung gebracht. Durch die Ver-

arbeitung in zwei Stufen ist es möglich, vor der eigentlichen
Ausführung eine Syntaxprüfung vorzunehmen. Weiter werden vor
der produktiven Rechnung andere formale Fehler erkannt. Ist
ein Fehler aufgetreten, muß das gesamte Programm nach erfolg-
ter Korrektur abermals vollständig übersetzt werden. Ein noch-
maliges Übersetzen von ausschließlich fehlerhaften Anweisungen
ist nicht zulässig.

Der Anwender des Programmiersystems verfügt bei der Formulierung seiner Probleme nicht nur über die Sprachelemente des
eingesetzten Teilsystems, sondern auch über die Sprachelemente
der Sprache, in der das Programmiersystem formuliert ist. Ist
z. B. das Teilsystem in FORTRAN formuliert, können im speziellen Anwenderprogramm Schleifen und Sprünge in der in FORTRAN
üblichen Art programmiert werden. Neben diesen Programmierhilfen verfügt der Anwender über die Möglichkeit, die Fähigkeiten des Programmiersystems durch die Formulierung eigener
Programmabschnitte zu erweitern.

Die Verarbeitung bei interpretierenden Systemen verläuft in
anderer Weise. Es wird zunächst ein allgemeiner Algorithmus
in einer ausführbaren Form erstellt. Zur Lösung eines speziellen Problems werden dann die relevanten Daten über die Dateneingabe dem allgemeinen Algorithmus mitgeteilt. Der Interpre-
tierer wertet die Dateneingabe aus und nimmt die spezielle
Datenanpassung vor.

Die interpretative Verarbeitungsmethode läßt keine Fehlerkon-
trolle vor der Ausführung zu. Jede Anweisung wird für sich
sofort interpretiert und verarbeitet. Alle programmtechnischen
Anweisungen müssen im allgemeinen Algorithmus berücksichtigt
sein. Eine Erweiterung der Fähigkeiten des Programmiersystems
ist nur über die Hinzufügung eines neuen allgemeinen Algorithmus durchführbar.

Hinsichtlich des Speicherplatzbedarfs ergeben sich folgende
Unterschiede. Beim kompilierenden Verfahren kennt man zwei
Verarbeitungsphasen, die Übersetzungsphase und die Ausführ-

phase. Zur Übersetzungsphase müssen Teile des notierten Programms und das Übersetzungsprogramm im Arbeitsspeicher präsent sein. Der Speicherplatzbedarf für das Übersetzungsprogramm ist dabei sowohl abhängig vom definierten Sprachumfang als auch vom angebotenen Komfort. Während der Ausführungsphase wird dann nur noch das übersetzte Programm im Speicher benötigt.

Bei interpretierenden Systemen erfolgt die Verarbeitung in einem Schritt. Zu dieser Zeit müssen sowohl das aktuelle Anwenderkommando als auch das interpretierende Programm im Arbeitsspeicher zur Verfügung stehen. Der Speicherbedarf für den Interpreter richtet sich ebenfalls nach dem Sprachumfang und dem Anwendungskomfort.

Unter Maschinenzeit ist die Zeit für den Ablauf eines Programms in einer EDVA zu verstehen. Abzüglich der Zeiten für die Ein- und Ausgabe verbleibt beim kompilierenden Verfahren die Zeit für das Übersetzen und Ausführen, beim interpretierenden Verfahren die Verarbeitungszeit des Interpreters. Bild 3-5 zeigt schematisch den zeitlich Ablauf.

Interpretierendes Verfahren		Kompilierendes Verfahren	
zeitlicher Ablauf für das:		zeitlicher Ablauf für das:	
Interpretieren	Ausführen	Übersetzen	Ausführen
Anweisung 1:		Anweisung 1:	
Anweisung 2:		Anweisung 2:	
Anweisung 3:		Anweisung 3:	

<u>Bild 3-5:</u> Zeitlicher Ablauf für das interpretierende und kompilierende Verfahren

Man erkennt für das interpretierende Verfahren beim Durchlaufen gleicher Programmabschnitte Zeitnachteile, da die Anwei-

sungen innerhalb des Abschnitts jedesmal interpretiert und
ausgeführt werden müssen. Hingegen ist beim kompilierenden
Verfahren das wiederholte Übersetzen nicht nötig. Ein bereits
einmal richtig übersetztes Programm kann dann beliebig oft ge-
startet werden, ohne daß nochmals Zeit für das Übersetzen an-
fällt.

Der interaktive Betrieb für ein kompilierendes System muß von
Anfang an eingeplant sein, d. h. in den zu erstellenden Programmen muß der Dialog vollständig vorher bestimmt werden. An
fest definierten Stellen werden Schnittpunkte in das Programm
eingebaut, an denen der Anwender durch die Eingabe von Daten
den weiteren Ablauf der Verarbeitung beeinflußt. In der Praxis
erweist sich ein so aufgebauter Dialog vor allen Dingen dann
als Nachteil, wenn in der Konzeptionsphase nicht alle möglichen Verzweigungen innerhalb des Dialogs berücksichtigt wurden. Alle nachträglich erforderlichen Schnittpunkte verlangen
einen neuen Übersetzerlauf.

Anders ist die Vorgehensweise beim interpretierenden Verfahren. Hier besitzt der Anwender bei Eingabe eines Kommandos bereits die Kenntnis des Ergebnisses vorangegangener Kommandos,
so daß ein Dialog nicht im voraus bestimmt werden muß.

Neben dem Vorteil bei der Realisierung des Dialogs ist die
interpretierende Verarbeitungsart dann sinnvoll, wenn die
Menge der möglichen Algorithmen überschaubar ist. Neben dem
Aspekt, daß der Anwender keinen eigenen Algorithmus mehr formulieren muß, ergibt sich die Beseitigung einer Fehlerquelle.
Für die der Fertigung vorgelagerten Bereiche ergibt sich demnach ein vorteilhafter Einsatz der interpretierenden Systeme.

3.3 Integrierte Programmsysteme

Wie in Kapitel 3.2.1 dargelegt wurde, besteht eine Realisie-
rungsmöglichkeit für das integrierte Gesamtsystem darin, die
Verwaltungsaufgaben für Programme und Daten zu zentralisieren.
Diese Aufgaben werden von Systemkernen wahrgenommen. Sie sind

ein wesentlicher Bestandteil von integrierten Programmsystemen.
Ob die integrierten Programmsysteme den allgemeinen Anforderungen (siehe Kapitel 3.1) genügen und eine praktikable Lösung
darstellen, soll im folgenden untersucht werden.

Integrierte Programmsysteme sind entwickelt worden, um einen
konsequenten Einsatz der Datenverarbeitung bei daten- und pro-
grammintensiven Aufgabenstellungen zu realisieren, unter der
Bedingung einer anwenderfreundlichen Benutzung von Soft- und
Hardware. Die ersten Anstrengungen in dieser Richtung wurden
1964 am MIT (Massachusetts Institute of Technology) unternom-
men. Das dort entwickelte ICES (integrated civil engineering
system) wurde 1967 in einer ersten Version fertiggestellt und
hat von allen integrierten Programmsystemen bis heute die wei-
teste Verbreitung gefunden. Über 500 ICES-Benutzer sind in
einer Anwendergemeinschaft weltweit zusammengefaßt / 23 /.
Darüber hinaus dient ICES als Ausgangspunkt und Grundlage für
neu entwickelte Systeme, wie GENESYS, IST und REGENT. Bild 3-6
zeigt eine Zusammenstellung bekannt gewordener integrierter
Programmsysteme, wobei die näher untersuchten Systeme gekennzeichnet sind. Neben einem hohen Bekanntheitsgrad sind diese
Systeme am wenigsten auf ein bestimmtes Anwendungsgebiet zuge-
schnitten.

AED	KAPROS
DATATRAN	MODCON
DINAS	PLAN
GENESYS	POLO
ICES	REGENT
IST	RSYST
JOSHUA	SYSFAP

untersuchte Systeme

Bild 3-6: Integrierte Programmsysteme

Eine Überprüfung der Anwendbarkeit soll zunächst anhand von Eigenschaften erfolgen, die alle untersuchten Systeme aufweisen:

- Verwirklichung eines 3-Ebenen-Konzepts,
- dynamisches Laden von Phasen,
- dynamische Datenfelder,
- Bereitstellung zusätzlicher Programmierhilfen und
- Bereitstellung leistungsfähiger Hilfsmittel zur Generierung anwenderorientierter Programmiersprachen.

Das 3-Ebenen-Konzept kennt die Systemkernebene, die Subsystem- bzw. Bausteinebene und die Anwenderebene, die sich durch das jeweils erstellte Produkt bzw. durch die zur Verfügung stehenden Programmierhilfsmittel unterscheiden (Bild 3-7).

Programmierebene	erstelltes Produkt	Programmierhilfsmittel
Systemkernebene	Systemkern (Basissystem)	problemorientierte Programmiersprache, Assembler, Betriebssysteme
Subsystemebene bzw. Bausteinebene	Subsysteme, anwendungsorientierte Programmiersprachen	problemorientierte Programmiersprache, welche um die Fähigkeiten des Systemkerns erweitert ist
Anwenderebene	Lösungen von Fachproblemen	anwendungsorientierte Programmiersprache

Bild 3-7: Drei-Ebenen-Konzept

In der Systemkernebene wird mit Hilfe einer problemorientierten Programmiersprache (Basissprache), der dem Rechner eigenen Assemblersprache sowie den Fähigkeiten des Betriebssystems der Systemkern erstellt. Bei diesem Aufbau sollen die rechnerabhängigen Programmteile einen möglichst geringen Anteil ausmachen, damit eine Anpassung an andere Rechner mit vertretbarem Aufwand durchführbar ist. Mit der Verfügbarkeit des Systemkerns auf vielen unterschiedlichen Rechnern erfüllt man die

Forderung nach Portabilität von Anwenderprogrammen, da die Un-
gleichheiten der Rechner durch den Systemkern nivelliert werden.

Auf der Subsystemebene programmiert der Subsystementwickler
die einzelnen Bausteine. Hierbei verwendet er eine problemorientierte Programmiersprache, welche um die Fähigkeiten, die
durch den Systemkern zur Verfügung gestellt werden, erweitert
ist. An den Subsystemen wird die eigentliche Leistungsfähig-
keit des integrierten Programmsystems bezüglich eines spezifizierten Wissensgebiets gemessen, denn sie helfen dem Anwender
bei der Lösung seiner Probleme. Dagegen bedeuten die Fähigkeiten des Kerns Hilfsmittel für alle Subsysteme und führen somit
zu einer Standardisierung hinsichtlich der Programmerstellung.

Der Anwender notiert mit den durch die Bausteine realisierten
Anwendersprachen sein Problem. Er kann seine Aufgaben in einer
für ihn üblichen Weise formulieren, ohne dabei nähere Kenntnisse über die von ihm benutzte EDVA zu besitzen und erhält
seine Ergebnisse in einer auf den Spezialfall zugeschnittenen
Form. Damit wird der Übergang zum Mensch-Maschine-Dialog eingeleitet.

Das <u>dynamische Laden von Phasen</u> bedeutet einen wesentlichen
Beitrag zur Anwenderfreundlichkeit. Bisher ist es bei der Verarbeitung von Programmen i. a. nur möglich, alle Objektpro-
gramme linear zu binden. Die Kennzeichen dieser Programmver-
knüpfungen sind darin zu sehen, daß die Speicherbelegung starr
und wenig flexibel ist bei einem vergleichsweise großen Speicheraufwand. Neben diesen Nachteilen erzielt man jedoch schnelle Ausführungszeiten.

Eine Speicherverwaltung mit langsameren Ausführungszeiten und
einer begrenzt dynamischen Phasenverwaltung erlaubt die seg-
mentierte Überlagerung (overlay). Diese Art der Speicherverwaltung eignet sich besonders gut, wenn das erstellte Programm
eine Baumstruktur aufweist. Der Forderung, das Programm in
einer effektiven Baumstruktur darzustellen, ist oft nur mit

großem Aufwand nachzukommen. Die Effektivität dieser Speicherverwaltung ist an der Differenz des Speicherplatzbedarfs zwischen dem linear gebundenen Programm und dem segmentiert gebundenen Programm zu messen. Häufig wird die Anwendung der
Segmentiertechnik durch eine vom Rechner festgelegte Anzahl
von Segmentier-Ebenen zusätzlich erschwert.

Abhilfe schafft die Möglichkeit des dynamischen Ladens von
Phasen. Dem Anwender wird hiermit ein Instrument an die Hand
gegeben, flexible Programmstrukturen zu erstellen und eine
optimale Speicherplatzbelegung vorzunehmen. Dabei wird die
Verwaltung des Speicherplatzes von dem Systemkern zentral übernommen. Die Ausführungszeiten bei dynamischen Verknüpfungen
sind im Vergleich zu segmentiert gebundenen Programmen jedoch
länger, da Systemprogramme zwischengeschaltet sind. Bild 3-8
gibt den vorteilhaften Einsatz unterschiedlicher Programmver-
knüpfungen zusammenfassend wieder.

PROGRAMMVERKNÜPFUNGEN	VORTEILHAFTER EINSATZ BEI :
FORTRAN CALL-Anweisung	– der Forderung nach schneller Ausführungszeit – Programm mit geringem Speicherplatzbedarf
FORTRAN CALL-Anweisung (Segmentierung, OVERLAY)	– einer Programmvorlage in Baumstruktur – Programm mit großem Speicherplatzbedarf
Dynamische Programmverknüpfung	– der Forderung nach optimaler Speicherplatz-belegung – Programm mit großem Speicherplatzbedarf

Bild 3-8: Vorteilhafter Einsatz unterschiedlicher Programm-
verknüpfungen

Neben dem dynamischen Laden von Phasen kommt sowohl dem Bausteinentwickler als auch dem Problemanwender die Realisierung
von dynamischen Datenfeldern zugute. Der Bausteinentwickler
muß nicht mehr wie üblich die Dimensionen der Felder vor dem
Übersetzen angeben und für den Problemanwender gibt es keine

Anwendungsgrenzen aufgrund zu gering dimensionierter Felder.
Bisher bestand immer die Gefahr, daß einerseits Primärspei-
cherplatz reserviert wird, obwohl eine entsprechende Anzahl
von Daten noch nicht oder nicht mehr benötigt werden oder andererseits die Ausführung fehlerhaft abgebrochen wird, wenn zu
wenig Speicherplatz bereitgestellt worden war.

Bei den dynamischen Datenfeldern wird die benötigte Feldgröße
erst zur Ausführungszeit festgelegt. Der belegte Speicherplatz
ist auf den speziellen Anwendungsfall abgestimmt und entspricht
damit der Forderung nach einer optimalen Speicherbelegung.
Eine wesentliche Voraussetzung für die Realisierung dynamischer
Felder ist das Heranziehen des Sekundärspeichers als Primär-
speichererweiterung. Dem Programmierer ist damit ein Arbeiten
mit einem Primärspeicher in der Größenordnung des Sekundärspeichers gestattet. Die hierzu notwendige Organisation wird
vom Systemkern zentral bereitgestellt. Die Vor- und Nachteile
festdimensionierter Felder und dynamischer Felder zeigt Bild
3-9.

	festdimensionierte Felder	dynamische Felder
Vorteile	— schnellere Verarbeitungsgeschwindigkeit	— Dimensionierung zur Ausführungszeit — Segmentierung möglich — Nutzung des Sekundärspeichers — unterschiedliche Datentypen — nicht rechteckige Datenstruktur
Nachteile	— Dimensionierung zur Compilationszeit — Segmentierung nicht möglich — starre Platzbelegung auf dem Primär- speicher	— langsamere Verarbeitungsgeschwindigkeit — zusätzliche Organisation nötig

Bild 3-9: Vor- und Nachteile festdimensionierter und dynamischer Felder

Dem Bausteinentwickler werden zusätzliche Hilfsmittel durch
eine erweiterte Basissprache vom integrierten Programmsystem
angeboten. Es handelt sich um eine Makrosprache, deren Anweisungen in einem Vorcompiler durch Unterprogramme der Basis-

sprache ersetzt werden, so daß nach dem Durchlauf durch den
Vorcompiler ein für den nachfolgenden Übersetzer verständli-
ches Programm entsteht. Dieser Vorgang wird in Bild 3-10 für
das System ICES beispielhaft verdeutlicht.

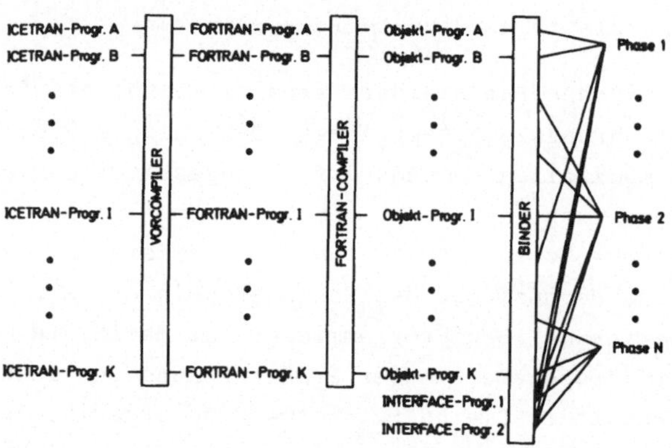

<u>Bild 3-10:</u> Erstellung von ICES-Phasen

Weitere <u>Unterstützung</u> erhält der Entwickler von Bausteinen
beim Aufbau <u>anwenderspezifischer Kommandos.</u> Es handelt sich in
erster Linie um eine Kommandodefinitionssprache, einen Komman-
dointerpretierer und die Zuordnung von Kommandos zu Phasen.
Die Bereitstellung dieser Hilfsmittel trägt zum einen zur einfachen Generierung neuer Subsysteme durch standardisierte Ab-
lauffolgen bei, zum andern können bestehende Subsysteme leicht
durch zusätzliche Kommandos erweitert werden. Damit ist die
Forderung nach einer Unterstützung des Entwicklers bei der Erstellung neuer Systeme erfüllt.

Neben diesen allgemeinen Gesichtspunkten sieht das Konzept des
IST-Systems (Informationssystem Technik) die zusätzliche Aufnahme von Graphiksoftware in den Systemkern vor / 24 /. Diesem
Punkt kommt im Zusammenhang mit der in dieser Arbeit untersuchten Problematik eine erhebliche Bedeutung zu, da vor allen
Dingen die Verarbeitung graphischer Daten und deren Ausgabe
notwendig sind. Das Konzept enthält eine normierte Schnitt-

stelle für Plotter, Digitalisiertisch und/oder graphischen
Bildschirm. Eine visuelle Kontrolle abgespeicherter Geometrien
ist damit möglich.

Das System REGENT (Rechnergestützter Entwurf) arbeitet kompi-
lierend, d. h. in diesem Fall, die hier verwendete Basissprache PL/1 ist auf allen drei Ebenen anwendbar. Mit der Verwendung von PL/1 steht im Gegensatz zu dem sonst üblichen FORTRAN
eine leistungsfähigere Basissprache zur Verfügung, die eine
spätere Einbeziehung betriebswirtschaftlicher Probleme er-
leichtert. Der Einsatz von PL/1 beschränkt gleichzeitig die
Verfügbarkeit des REGENT-Kerns auf wenige Rechner / 25 /.

Der Systemkern von GENESYS (General Engineering System) zeichnet sich dagegen durch eine hohe Verfügbarkeit auf einer Vielzahl unterschiedlicher Rechner aus. Dies ist darin begründet,
daß der Kern zu 90 % aus maschinenunabhängigen und nur zu 10 %
aus maschinenabhängigen Programmen besteht. Das Gesamtsystem
verliert jedoch hierdurch an Effektivität und im Vergleich zu
anderen Systemen an Komfort / 26 /.

Neben den angeführten technischen Eigenschaften gelten die er-
forderliche Hardware sowie der notwendige Einführungsaufwand
als ausschlaggebende Anwendungskriterien für den Einsatz von
integrierten Programmsystemen.

Bild 3-11 zeigt die Rechnertypen, auf denen die untersuchten
Systeme verfügbar sind. Es handelt sich dabei fast ausschließlich um Großrechner. Dies wird vor allen Dingen deutlich, wenn
man den Arbeitsspeicherbedarf betrachtet. Die Hardware-Voraus-
setzung wird gegenwärtig nur von einer geringen Anzahl von
Anwendern erfüllt.

Hinsichtlich des Einführungsaufwands bei zu lösenden Aufgaben
muß überprüft werden, ob die vorhandenen Bausteine die Aufga-
benstellung abdecken. Ist es nicht der Fall, müssen eigene
Programme erstellt werden.

integriertes Programmsystem	ICES	IST	REGENT	GENESYS
verfügbar auf Rechnertypen	Siemens 4004 BS 2000 IBM/370-OS, OS-VS, DOS UNIVAC 1100 CDC 7000-KRONOS Philips P/1400 RCA-Spectra	Siemens 4004 BS1000 IBM/370-OS, OS-VS	IBM/360-OS IBM/370-OS, MVS	ICL 1900 ICL System 4 ICL 2903 IBM/360 IBM/370 CDC 6000 CDC 7000 UNIVAC 1100 Philips 1400 DEC System 10 Honeywell 200
Arbeitsspeicherbedarf	128k Bytes	128k Bytes	120k Bytes	96k Bytes
Programmiersprache	FORTRAN	FORTRAN	PL/1	FORTRAN
verfügbare Bausteine	32	7[x]	9...11	31

[x] in Entwicklung

Bild 3-11: Vergleich unterschiedlicher Programmsysteme

Bei der Realisierung eines neuen Subsystems reduziert sich der
Aufwand der Programmierung auf ca. 70 % / 27 /, da durch die
zentrale Übernahme einerseits die Erstellung von Verwaltungs-
programmen sich vollständig erübrigt, andererseits die Programme in einer mit erweiterten Fähigkeiten ausgerüsteten Programmiersprache notiert werden.

Wird bei der Erstellung neuer Bausteine auf bereits existierende Programme oder Programmiersysteme zurückgegriffen, sind
an ihnen Änderungen vorzunehmen. Es ergaben sich in einem
durchgeführten Fall, daß 70 % der Programme unverändert übernommen werden konnten; 30 % mußten überarbeitet bzw. neu geschrieben werden / 27 /. Stimmt die Basissprache des Systems
mit der Sprache, in der die Programme notiert sind, nicht
überein, wird das Verhältnis ungünstiger. Die Anweisungen der
Programmiersysteme müssen bei einer Umstellung auf die im System zulässige Syntax gebracht und die zu den Anweisungen ge-
hörenden Interpretationsprogramme durch Kommandodeklarationen,
welche neu zu schreiben sind, ersetzt werden. Es ist darauf zu
achten, daß die verwendeten Datenstrukturen den im System zu-
gelassenen entsprechen. Weiter sind in den einzelnen Programmen

alle Verwaltungsprogramme für Datenstrukturen, Dateien, Arbeitsspeicherplatz und Programme zu streichen. Die zentrale Verwaltung übernimmt diese Aufgaben.

Zusammenfassend läßt sich sagen, daß der Einsatz integrierter Programmsysteme zum Aufbau einer integrierten Informationsverarbeitung nur dann sinnvoll ist, wenn entweder der überwiegende Teil der Programme für den zu lösenden Problembereich bereits als Baustein existiert oder überhaupt noch keine Programme vorhanden sind, d. h. alle Bausteine können unter Ausschöpfung sämtlicher Vorteile neu konzipiert und geschrieben werden. Für alle anderen Fälle sollte eine Lösung auf der Grundlage komfortabler Betriebssysteme und leistungsfähiger Datenbanksysteme gesucht werden, um nicht die Vielzahl arbeitsfähiger, umfangreicher Programmiersysteme aus den Bereichen entsprechend Bild 3-1 und Bild 2-2 ändern zu müssen.

4 Funktionszuordnungen für Komponenten des Gesamtsystems

Im vorangegangenen Kapitel sind Forderungen an ein integriertes Gesamtsystem analysiert und Lösungskonzepte entwickelt worden. Dabei handelte es sich um ein umfassendes System, welches die in Bild 3-1 dargestellten Betriebsbereiche mit ihren Insellösungen teilweise beinhaltet.

Im folgenden sollen erste Teilschritte für ein integriertes Konzept am Beispiel NC-Programmiersystem, rechnergeführte Steuersysteme und numerische Steuerung (Bild 2-2) untersucht werden. Eine notwendige Voraussetzung hierfür ist die Zuordnung der Funktionen zu den Teilsystemen (Teilsystem 1, 2, 4). Ausgehend von dieser funktionsorientierten Zuordnung werden die Auswirkungen auf die Teilkomponenten untersucht und Realisierungen vorgestellt (Kapitel 5).

Ziel dieser Vorgehensweise ist es, ein fest umrissenes Funktionsspektrum für die Teilkomponenten anzugeben und eine Aufgabenüberlappung zu vermeiden. Dadurch wird der Informationsfluß transparenter, die Informationsverarbeitung effizienter und weniger fehleranfällig und das System in diesem Bereich anwenderfreundlicher bei einer gleichzeitig steigenden Wirtschaftlichkeit. Ausgehend von der Analyse der Teilsysteme (siehe Kap. 2.2 ... 2.5) lassen sich drei Konzepte angeben. Bild 4-1 zeigt die Konzeptvarianten mit den Aufgabenzuordnungen.

Variante 1 enthält im wesentlichen die Lösung, wie sie bisher realisiert wurde: Geometrie- und Technologie-Verarbeitung im Programmiersystem mit der Möglichkeit, Unterprogramme zu formulieren und Bearbeitungszyklen teilweise aufzulösen, die Maschinenanpassung in einem separaten Anpassungsprogramm, NC-Datenverteilung und NC-Programmverwaltung im DNC-System mit der Betriebsdatenerfassung und Verarbeitung sowie Steuerungen, deren Funktionen Auflösung von Bearbeitungszyklen, Unterprogrammtechnik und AC umfassen.

Teilkomponente	Konzept 1	Konzept 2	Konzept 3
Programmiersystem	Geometrieverarbeitung Schnittaufteilung Schnittwertberechnung Bahnzerlegung Werkzeugermittlung Zyklenauflösung Unterprogrammtechnik	Schnittaufteilung Schnittwertberechnung Bahnzerlegung Werkzeugermittlung Maschinenanpassung Zyklenauflösung Unterprogrammtechnik	
Anpassungsprogramm	Maschinenanpassung		
DNC-Rechner	Datenverteilung Programmverwaltung Betriebsdatenerfassung Betriebsdatenverarbeitung	Programmverteilung Programmverwaltung Betriebsdatenverarbeitung Materialflußsteuerung Bereiche der Fertigungs- steuerung	
Numerische Steuerung	AC Zyklenauflösung Unterprogrammtechnik	Betriebsdatenerfassung AC Programmspeicher Korrektur	Betriebsdatenerfassung AC Programmspeicher Korrektur Unterprogrammtechnik Zyklenauflösung Schnittaufteilung begrenzte Steuerdaten- bewertung

Bild 4-1: Konzeptvarianten mit Funktionszuordnungen

Die Variante 2 enthält im Programmiersystem keine Verarbeitung
der Geometrien mehr. Die Werkstück-Geometrie wird einer über-
geordneten, z. B. mit CAD erstellten Datei entnommen. Die Maschinenanpassung wird durch den Aufbau einer Maschinenkartei
im Programmiersystem realisiert. Das Anpassungsprogramm kann
damit entfallen. Der DNC-Rechner übernimmt die Aufgaben der
Programmverteilung und -verwaltung und die Betriebsdatenverarbeitung. Damit werden die zeitlichen Anforderungen an den
einzusetzenden Rechner wesentlich reduziert. Zusätzlich übernimmt dieser Rechner in flexiblen Fertigungssystemen die Ma-
terialflußsteuerung und Bereiche der Fertigungssteuerung / 20 /.
In der Steuerung muß ein Speicher zum Ablegen vollständiger
NC-Programme bzw. großer Programmabschnitte vorgesehen werden.
Damit ist gleichzeitig die Voraussetzung geschaffen, einfache
Korrekturen der Eingabeinformation an der Werkzeugmaschine
vorzunehmen. Die Betriebsdaten müssen unter diesen Bedingungen
in der Steuerung erfaßt werden, da nur hier eine mit der Fertigung schritthaltende Steuerdatenabarbeitung vorliegt. An
ausgewählten Fertigungseinheiten sind zusätzlich AC-Einheiten
in die Steuerung integriert. Alle weiteren Steuerungsfunktionen, die eine Steuerdatenerstellung erleichtern, entfallen bei

diesem Steuerungstyp.

Variante 3 zeigt ein Konzept, das weder ein Programmiersystem,
noch eine automatische Informationsverteilung und Verwaltung
beinhaltet. Alle Funktionen, die einer einfachen Steuerdatenerstellung dienen, sind in die Steuerung integriert. Eine be-
grenzte·Steuerdatenverwaltung in der Steuerung ist ebenfalls
möglich. Mit einer so aufgebauten Steuerung entsteht ein neues
NC-Konzept. Es wird als Vorstufe zur integrierten Informationsverarbeitung für solche Anwender betrachtet, die bisher noch
keine NC-Technik eingesetzt haben, da sie für NC-Maschinen des
heutigen Stands kein Einsatzgebiet finden / 41 /.

Folgende Gedanken liegen diesem Konzept zu Grunde: Weitgehende
Beibehaltung bewährter konventioneller Organisationsformen bei
gleichzeitiger Inanspruchnahme der Vorteile der NC-Technik,
ohne dabei den Investitionsaufwand für konventionelle Maschinen weit zu übersteigen. Damit ist dann auch sowohl von der
Investitionsseite als auch von der personellen und organisatorischen Seite her der Einstieg in die NC-Technik für kleine
und mittlere Betriebe möglich.

Die Organisation darf keine zusätzliche Abteilung zu den im
Betrieb vorhandenen verlangen, d. h. die NC-Fertigung wird in
die bestehende Fertigung eingegliedert und die notwendige Programmierung erfolgt in der bisherigen Arbeitsvorbereitung bzw.
an der Maschine.

Wird an der Maschine direkt programmiert, muß dem Bediener
eine technische Zeichnung mit dem dazugehörigen Arbeitsplan
vorliegen. Wird in der Arbeitsvorbereitung programmiert, erhält der Bediener ein Programmierblatt, dessen Inhalt er in
die Steuerung eintippt. Ein wesentliches Bewertungskriterium
für beide Verfahren ist die Zeit, in der die Maschine still
steht. Eine Verringerung der Stillstandszeiten wird durch die
zusätzliche Übernahme von Funktionen in die Steuerung und durch
eine benutzerfreundliche Bedientafel erreicht.

Zu einer übersichtlichen und leicht bedienbaren Bedientafel
gehört, daß auf zweifelhafte Symbole verzichtet und Klar-
schrift verwendet wird. Auf den Einsatz von Tasten als Dateneingabe wird in Kapitel 5.3.1.2 näher eingegangen. Bild 4-2
zeigt eine solche Bedientafel.

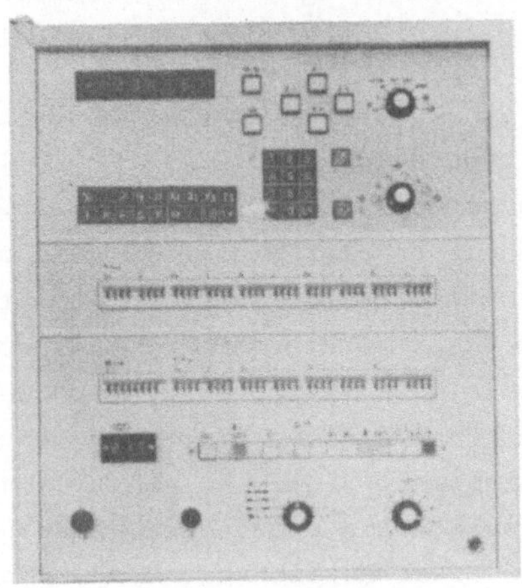

<u>Bild 4-2</u>: Bedientafel

Es müssen Funktionen in der Steuerung realisiert sein, die
eine Programmierung vereinfachen und die Bedienung erleichtern, hierzu zählen: Bedienerführung, Zyklenauflösung, Unterprogrammtechnik, Generierungsfunktionen, AC, Spiegelung, Dre-
hung, Mehrquadrantenprogrammierung u. a.

Unter Bedienerführung versteht man die Vorgabe der Eingabe-
reihenfolge durch die Steuerung, d. h. die Steuerung generiert
nacheinander z. B. die NC-Adreßbuchstaben in der vorgeschrie-
benen Reihenfolge. Der Bediener quittiert diesen Buchstaben,
falls keine Information zu diesem Adreßzeichen eingegeben werden soll. Die Steuerung bietet dann das nächstfolgende Zeichen
an. Falls Informationen eingegeben werden sollen, werden über
die Tastatur die Ziffern und Zeichen hinzugefügt. Mit der

Bedienerführung wird das fehlerhafte Auslassen eines NC-Wortes
weitgehend unterbunden und es erübrigt sich das Eingeben von
NC-Adreßbuchstaben.

Die Zyklenauflösung ist heute in komfortablen Steuerungen
Stand der Technik. Aufgrund eines NC-Satzes veranlaßt die
Steuerung eine fest vorgegebene Reihenfolge von Bewegungen
und trägt so zur Verminderung der Eingabeinformation bei. Alle
wesentlichen Standardzyklen sind in / 8 / festgehalten.

Die Verarbeitung von Unterprogrammen bietet den Vorteil, daß
häufig wiederkehrende betriebsspezifische Zyklen einfach angesprochen werden können. In der in Kapitel 5.3.1 dargestellten Ergänzungseinheit erfolgt dieser Vorgang mit Hilfe eines
"Locksatzes". Es wird ein "Locksatz" an der Stelle im Programm
eingefügt, an der das Unterprogramm erscheinen soll. Der "Locksatz" selbst enthält kein NC-Wort. Aufgrund der aufgebauten
Schaltungslogik wird nach einem oder mehreren einzuschiebenden Sätzen, die an dieser Stelle folgen sollen, auf dem Korrekturspeicher gesucht. Die einzuschiebenden Sätze stellen das
Unterprogramm dar. Diese Möglichkeit der Ergänzungseinheit
zeigt Bild 4-3.

Die Generierungsfunktionen sollen dem Bediener lästige Routi-
nefunktionen abnehmen. So wird beispielsweise die Satzendemarke von der Steuerung selbständig gesetzt, ebenso wird die
Satznummerngenerierung von der Steuerung übernommen. Bei der
Anwendung der oben erwähnten Unterprogrammtechnik muß diese
automatische Generierung der Satznummern unterdrückbar sein.

Auf die prinzipiellen Möglichkeiten von AC-Einheiten in numerischen Steuerungen und den damit verbundenen Erleichterungen
für die NC-Programmerstellung wurde bereits in Kapitel 2.3
hingewiesen.

Im Gegensatz also zu einfachen Steuerungen, die bei der Realisierung eines integrierten und automatisierten Informationsflusses einzusetzen sind, werden in dem Konzept 3 alle die

Funktionen in die Steuerung integriert, die den Bediener bei
der Programmierung entlasten und ihm beim Eintippen der Programme helfen. Der hierzu notwendige große Funktionsumfang
einer Steuerung bedingt vergleichsweise mehr Kosten für eine
solche Steuerung. Um nun für dieses Konzept den Investitionsaufwand zu reduzieren, sind der Einsatz neuer Aufbautechniken
in den Steuerungen sowie Beschränkungen bei der Auslegung der
Werkzeugmaschine notwendig. Diese Beschränkungen können beispielsweise erzielt werden durch die Begrenzung des Verfahr-
bereichs der einzelnen Achsen und durch geringere Anforderungen an die Antriebe. Dieses Konzept ist als Ausgangspunkt
einer betrieblichen Entwicklung zu sehen, an deren Ende die
integrierte Informationsverarbeitung entsprechend Variante 2
steht. Dabei ist gewährleistet, daß die Übergänge zwischen den
Entwicklungsstufen fließend sind.

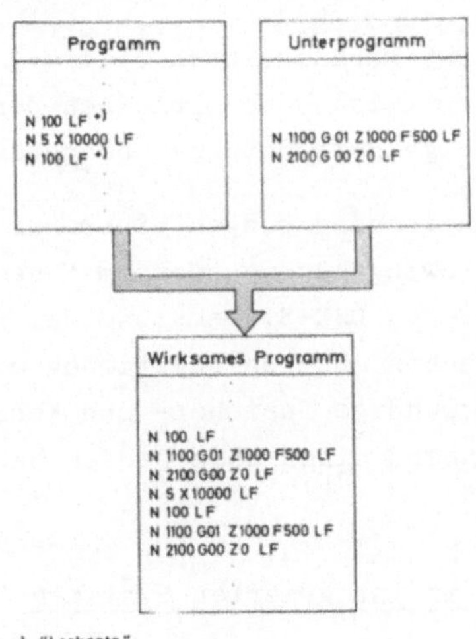

Bild 4-3: Unterprogrammtechnik

5 Realisierungen von Komponenten innerhalb eines integrierten Systems

Für die Realisierung der integrierten Informationsverarbeitung
in der Fertigungstechnik sind der Einsatz von NC-Programmiersystemen, einer rechnerunterstützten Steuerdatenverwaltung
und -verteilung und numerisch gesteuerte Werkzeugmaschinen
unabdingbare Voraussetzung. Entsprechend den Funktionszuordnungen des Konzepts 2 aus Bild 4-1 sollen die wesentlichen
Realisierungen, die durch die Neuzuordnung und die Integration
begründet und notwendig sind, für die zu integrierenden Komponenten dargestellt werden.

Um vorhandene NC-Programmiersysteme in einer integrierten Informationsverarbeitung verwenden zu können, müssen bestehende
Programmteile geändert bzw. eleminiert oder neu geschrieben
werden. Diese Anpassungen werden beispielhaft am EXAPT-System
aufgezeigt.

Da die Funktionen des DNC-Rechners nach Bild 4-1 keinen Einfluß auf die Steuerinformation haben, bleiben deren Realisierungen auf funktionsmäßige Betrachtungen beschränkt.

Die erforderlichen Funktionsänderungen einer numerischen
Steuerung ergeben sich zwangsläufig aus dem Funktionsumfang
des Programmiersystems, des DNC-Systems und dem festgelegten
Schnittstellenformat. Neben anderen Funktionen wird die in
diesem Zusammenhang notwendige Speicher- und Korrekturfunktion einer Steuerung anhand eines aufgebauten Beispiels vorgestellt.

5.1 NC-Programmierung in integrierten Systemen

Die Untersuchungen hinsichtlich der NC-Programmiersysteme
beziehen sich im wesentlichen auf die Schnittstellen zur vorangehenden Konstruktion und Entwicklung und zu der nachfolgenden Fertigung mit den numerischen Steuerungen. Dabei wird davon ausgegangen, daß die rechnerunterstützte Steuerdatenver-

waltung und -verteilung keine zusätzliche Information in das
NC-Programm einfügt. Weitere Untersuchungen gelten dem Einfluß
von Steuerungsfunktionen auf NC-Programmiersysteme. Als Beispiel werden die Auswirkungen von AC-Einheiten auf die NC-Programmierung deutlich gemacht.

5.1.1 Einfluß der Werkstück-Geometrie-Datei auf die NC-Programmierung

Zu den Aufgaben der Fertigungsplanung gehört das Erstellen
eines NC-Programms. Die Einflußfaktoren der NC-Programmerstellung hält Bild 5-1 fest.

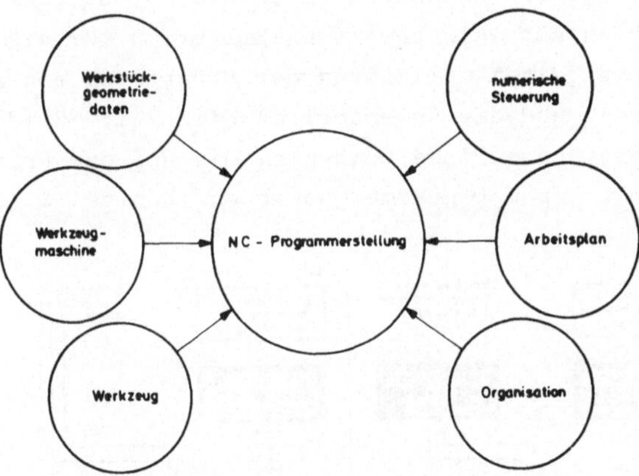

<u>Bild 5-1:</u> Einflußfaktoren bei der NC-Programmerstellung

Neben den Werkstückgeometriedaten - sie wurden bisher der technischen Zeichnung entnommen - bestimmen Daten der Werkzeugmaschine, der numerischen Steuerung, der eingesetzten Werkzeuge,
Angaben aus dem Arbeitsplatz und organisatorische Angaben die
Eingabeinformation zur NC-Programmerstellung. Diese Informationen werden entweder direkt in der Eingabesprache formuliert
oder sie werden aufgrund von Teileprogrammanweisungen indirekt
von zur Verfügung stehenden Dateien, z. B. Macro-Datei / 28 /,
eingebracht. Im Zusammenhang mit einer integrierten Datenverarbeitung muß davon ausgegangen werden, daß die geometrischen

Daten bereits in einer rechnerinternen Darstellung auf einem
Datenspeicher vorliegen, da die Konstruktion und Entwicklung
rechnerunterstützte Methoden anwendet und die Werkstückgeometrie auf einem Datenspeicher ablegt. Für die NC-Programmerstellung bedeutet dies, daß nicht mehr wie früher in einem
NC-Teileprogramm die Geometrie, die Technologie der Werkstück-
bearbeitung und die dazugehörigen organisatorischen Angaben
beschrieben werden müssen, sondern daß die notwendigen technologischen und organisatorischen Daten in die bestehende Geome-
trie-Beschreibung eingefügt werden. Hierfür muß in den bestehenden NC-Programmiersystemen eine geeignete Schnittstelle gefunden sowie ein Aufbereitungsprogramm erstellt werden, welches die vorliegende Datenstruktur an die Datenstruktur der
Schnittstelle anpaßt. Als Bewertungskriterien für die entwik-
kelten Konzepte gelten der Umfang der Programme, die erforder-
liche Rechenzeit und die Anwenderfreundlichkeit. Bild 5-2
zeigt zwei unterschiedliche Konzepte, die auf dem Prinzip der
Integration mit Anpaßprogrammen basieren (Kapitel 3.2.1).

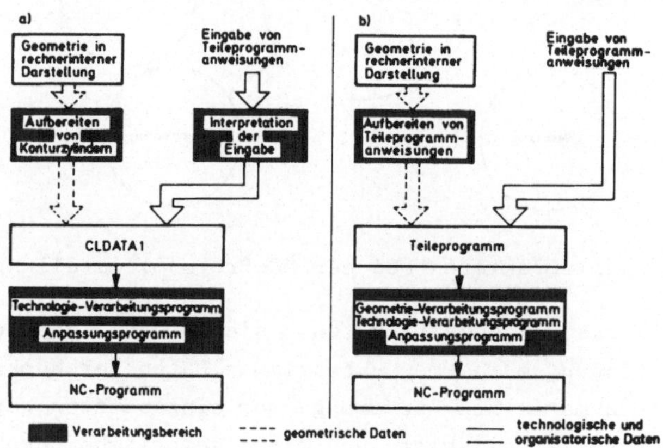

<u>Bild 5-2:</u> Eingabemöglichkeiten von technologischen und organi-
satorischen Daten

In dem NC-Programmiersystem EXAPT wird die im Teileprogramm
definierte Geometrie auf eine festgelegte, kanonische Form reduziert, ehe die technologischen Angaben verarbeitet werden.

Diese Schnittstelle, formuliert im sog. CLDATA 1, erweist sich
für das Hinzufügen der technologischen und organisatorischen
Angaben zur Werkstückgeometrie als günstig (Bild 5-2a). Das
vorgegebene rechnerinterne Geometrieformat der Konstruktion
wird in die festgelegte, kanonische Form des CLDATA 1 umgewan-
delt, während die technologischen und organisatorischen Angaben in der üblichen Eingabesprache / 29 / formuliert werden.

Beim 2 1/2-dimensionalen Fräsen sind beispielsweise die Werkstückgeometrien als Konturzylinder definiert. Unter Konturzylinder versteht man die senkrechte Ausdehnung von Konturbereichen. In der Konturebene werden zwei Achsen bahngesteuert,
während eine dritte Achse, senkrecht zu den bahngesteuerten,
ausschließlich zustellt. Mit der Annahme, daß in der Konstruk-
tionsabteilung hierarchische Datenstrukturen bei der Beschrei-
bung der Werkstückgeometrien zur Anwendung kommen, wird das
Anpassungsprogramm wie folgt beschrieben.

Eine hierarchische Datenstruktur liegt vor, wenn ein Körper
als Flächenmenge, eine Fläche als Kantenmenge und eine Kante
als Punktmenge definiert ist. Aus der sich für die Werkstück-
geometrie ergebenden Gesamtpunktmenge P_G werden die Punkte zu
einer Untermenge P_{MI} zusammengefaßt, die gleiche Koordinaten-
werte für die Zustellachse aufweisen (Bild 5-3). Aus dieser
Menge P_{MI} werden Kanten erzeugt, die zusammengesetzt eine oder
mehrere Konturen K_{IS} ergeben. Man erhält auf diese Weise Kon-
turbereiche, die senkrecht zur Zustellachse liegen. Um Konturzylinder zu bilden, muß jetzt jeder Kontur, die der Punktmenge
P_{MI} entstammt, eine Kongruente der Punktmenge P_{ML} zugeordnet
werden. Zur Ermittlung der sich hieraus resultierenden Zerspanbereiche sind in / 28, 30 / bereits Lösungsmöglichkeiten aufgeführt.

Diesen Zerspanbereichen müssen nun die technologischen und
organisatorischen Angaben entsprechend dem Konzept aus Bild
5-2a zugeordnet werden. Das Eingabeformat dieser Angaben entspricht einfachen Teileprogrammanweisungen. Die Umwandlung

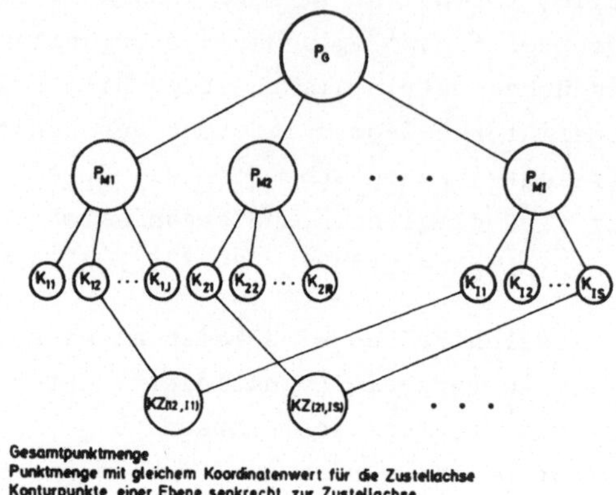

Bild 5-3: Bildung von Konturzylindern

dieser Eingaben in ein rechnerinternes Format erfordert Interpretationsprogramme für Syntax und Semantik. Dies entspricht der interpretierenden Verarbeitungsform (Kapitel 3.2.2). Der zeitliche Rechenaufwand hierfür ist vergleichsweise zu den Programmen, die die Geometrie interpretieren und verarbeiten, gering. Dementsprechend kann aus dem prozentualen Rechenzeitanteil für die Interpretation und Verarbeitung der geometrischen Angaben und die Interpretation der technologischen Angaben (Bild 5-4) die Rechenzeiteinsparung abgeschätzt werden. Sie liegt in Abhängigkeit vom speziellen Werkstück zwischen (24... 58) %.

Werkstück-Nr.	Rechenzeit für Interpretation und Verarbeitung der geometrischen und technologischen Daten	Prozentualer Rechenzeitanteil für Interpretation und Verarbeitung der geometrischen Daten und Interpretation der technologischen Daten
1	15,9 s	58 %
2	13,3 s	24 %
3	23,2 s	46 %
4	19,2 s	35 %
5	3,9 s	39 %
6	3,2 s	35 %
7	18,5 s	36 %

Bild 5-4: Prozentuale Rechenzeitanteile

Der Fortfall der Interpretations- und Verarbeitungsprogramme
für geometrische Daten bewirkt eine Reduzierung des Programm-
umfangs um ca. 40 %. Es sind nur noch Programme notwendig, die
ausschließlich der Interpretation von technologischen und organisatorischen Angaben dienen.

Ein wesentliches Problem bei der Zuordnung der Technologie zur
Geometrie ist die Identifizierung der Zerspanbereiche. Zur Lösung dieses Problems muß man entweder graphisch interaktiv
vorgehen oder auf eine rechnerinterne automatische Identifika-
tion zurückgreifen. Im ersten Fall werden die einzelnen Kontur-
bereiche am Bildschirm sichtbar gemacht und die dazugehörigen
technologischen Angaben eingegeben. Im zweiten Fall werden den
Konturbereichen im Rechner Benennungen zugeordnet. Diese Benennungen werden bei der Formulierung der technologischen Angaben mit einbezogen.

Eine Aufbereitung der Geometriedaten aus der Konstruktion in
Form von Anweisungen eines NC-Teileprogramms ist ebenfalls
möglich (Bild 5-2b). Was die Geometrie anbelangt, führt die
Umwandlung der Daten zu einem Teileprogramm in normierter
Darstellung. Die technologischen Angaben werden wiederum in
Form von Teileprogrammanweisungen hinzugefügt. Bei konsequen-
ter Anwendung dieser Verarbeitung ist eine Reduzierung des
Programmiersystem-Umfangs durch eine festgelegte Form der
Geometrieanweisungen die Folge. Nachteilig an der Vorgehens-
weise ist, daß bereits rechnergemäß aufbereitete Daten in
Teileprogrammanweisungen zurückverwandelt werden, um dann
durch das Programmiersystem wieder in eine rechnerinterne
Form gebracht zu werden. Im Vergleich mit der Lösung entsprechend Bild 5-2a sind insgesamt längere Rechenzeiten zu erwar-
ten.

Grundsätzlich erlaubt die getrennte Erzeugung von Geometrie-
und Technologiedaten eine Mehrfachnutzung der Geometriedaten.
Durch Hinzufügen von z. B. technologischen Daten für das NC-
Fertigen einerseits und für das NC-Messen andererseits werden

unterschiedliche Unterlagen erstellt (Bild 5-5). Die Anfänge
in Richtung einer Datenbasis sind damit eingeleitet und die
Grundlagen für ein System entsprechend Bild 3-3 geschaffen.

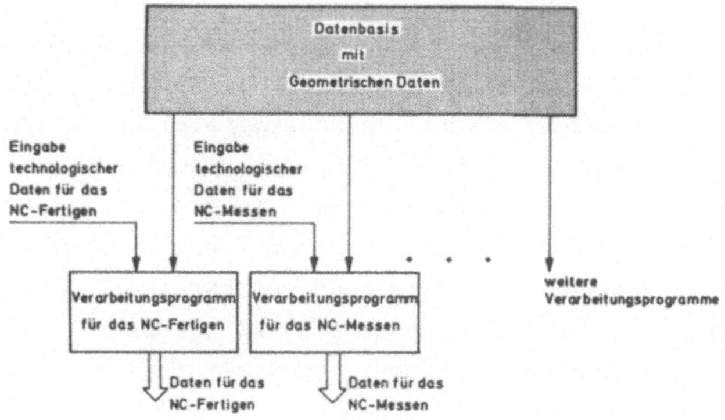

Bild 5-5: Mehrfache Nutzung geometrischer Daten

5.1.2 Einfluß von AC-Einheiten auf die NC-Programmierung

Wie aus Bild 5-1 hervorgeht, bestimmen u. a. Daten der numerischen Steuerung die Eingabeinformation zur NC-Programmerstellung. Da entsprechend Bild 4-1 (Konzept 2) die AC-Einheit in
die Steuerung integriert ist, muß die Untersuchung ergeben,
welchen Einfluß die AC-Funktionen der Steuerung zum einen auf
die Teileprogrammierung, zum andern auf die Programme des NC-
Programmiersystems haben.

Durch die Darstellung der zerspantechnischen Zusammenhänge
zwischen Werkzeug, Werkstoff und Maschine in einem mathemati-
schen Modell ist eine Berechnung von Schnittwerten im Programmiersystem möglich. Zu diesem Zweck müssen die Maschinendaten,
die Daten des eingesetzten Werkzeugs und die Werkstoffdaten
auf Dateien zur Verfügung stehen. Die Ergebnisse der Berechnungen sind von der Güte des angenommenen Modells abhängig.
Soll eine weitere Verbesserung erreicht werden, wäre dies nur

mit einem genaueren, d. h. komplexeren Modell bei erheblich
höherem Rechenaufwand möglich. Günstiger ist es daher, Schnitt-
wertmodelle durch ACC- oder ACO-Einrichtungen zu ergänzen. Es
können dadurch zusätzliche Faktoren, wie Materialinhomogenität,
Schneidenverschleiß und Änderung der Eingriffsgröße des Werkzeugs berücksichtigt werden.

Eine ACC-Einheit stellt z. B. bei fest vorgegebener Schnittge-
schwindigkeit den Vorschub so ein, daß zu jedem Zeitpunkt die
maximale Leistung der Maschine ausgenutzt wird. Ein exakt be-
rechneter Vorschubwert ist überflüssig. Die Vorschubgrenzwerte
müssen jedoch an der ACC-Einheit vorliegen. Die gleichen Überlegungen gelten für einen vorher bestimmten Vorschub und eine
der maximalen Leistung entsprechend eingestellte Schnittge-
schwindigkeit. Diese Gegebenheiten müssen im Programmiersystem
berücksichtigt werden.

Bedingt durch die Vielfalt der unterschiedlichen ACC-Einheiten
enthält das Teileprogramm eine Anweisung, die den speziellen
Typ charakterisiert. Dies wird durch die Anweisung

ACDAT/Modifikatoren

erreicht. Die zulässigen Modifikatoren zeigt Bild 5-6. Sie
entsprechen den notwendigen Eingabeparametern für ACC-Einheiten und bewirken die Ausgabe von Werkzeugmaschinen-Daten an
die Steuerung.

Zu den Eingabeparametern einer ACC-Einheit gehören ebenfalls
Werkzeugdaten. Für jeden Bearbeitungsaufruf mit einem neuen
Werkzeug müssen die aktuellen Werkzeugdaten der ACC-Einheit
übergeben werden, wenn die ACC-Funktion für die Bearbeitung
in Anspruch genommen werden soll. Zu diesem Zweck wird dann
in der Bearbeitungsdefinitionsanweisung ein neuer Parameter
AC eingeführt, z. B.

FRAES = FACMIL/ ..., MEANDR, AC, ...

	Modifikator	Bedeutung
Werkzeugdaten	SZMIN SZMAX FZUL VB BZUL TZUL ZENE DURCHM	min. Vorschub pro Zahn max. Vorschub pro Zahn zulässige Schnittkraft zulässige Verschleißmarkenbreite zulässige Schnittbreite zulässige Standzeit Zähnezahl Durchmesser
Maschinendaten	UMIN UMAX NMIN NMAX MD NM	min. Vorschubgeschwindigkeit max. Vorschubgeschwindigkeit min. Drehzahl max. Drehzahl verfügbares Spindeldrehmoment verfügbare Motorleistung
Bearbeitungsdaten	FEEDAS SPEDAS	Vorschub Schnittgeschwindigkeit
Gesamtdaten	DATWZM DATWZ	Maschinendaten Werkzeugdaten

<u>Bild 5-6:</u> Zulässige Modifikatoren

In der Fräsbearbeitungsliste, die das Programmiersystem erstellt, erscheint jetzt zusätzlich eine Spalte, die Auskunft über AC-Verwendung gibt oder nicht (Bild 5-7).

```
F R A E S B E A R B E I T U N G E N
●●●●●●●●●●●●●●●●●●●●●●●●●●●●●●●●●●●●●●


WENN BEI DER BEARBEITUNGSDEFINITION EIN PARAMETER NICHT ANGEGEBEN IST, WIRD NULL EINGETRAGEN.




●●●●●●●●●●●●●●●●●●●●●●●●●●●●●●●●●●●●●●●●●●●●●●●●●●●●●●●●●●●●●●●●●●●●●●●●      ●●●●●●●●●●●●●
●      ●        ●     ● ● UPCUT●DECRES●       ●      ●   ●OFSN●OFSN●           ●      ●  │  ●            ●
● NAME ●   MODE    ●SO●DWNCUT●INCRES●DIPRAP● SURF●TOOL●  1  ●  2  ● FEED ● SPEED ●  │  ● IDENT● AC ●
●      ●        ●     ● ●       ●      ●    ●    ●    ●   ●   ●      ●      ●  │  ●      ●    ●
●●●●●●●●●●●●●●●●●●●●●●●●●●●●●●●●●●●●●●●●●●●●●●●●●●●●●●●●●●●●●●●●●●●●●●●●      ●●●●●●●●●●●●●
●      ●        ●     ●       ●      ●    ●    ●    ●   ●   ●      ●      ●  │  ●      ●    ●
●FRAES1●FACMIL●MEANDR●SO●     ●DECRES●     ●ROUGH● 1●  0●  0●  0.00●  0.00●  │  ● 23012● AC ●
●FRAES2●FACMIL●MEANDR●SO●     ●DECRES●     ●ROUGH● 2●  0●  0●  0.00●  0.00●  │  ● 23012● AC ●
●FRAES3●FACMIL●MEANDR●SO●     ●DECRES●     ●ROUGH● 3●  0●  0●  0.00●  0.00●  │  ● 23012● AC ●
●FRAES4●FACMIL●MEANDR●SO●     ●DECRES●     ●ROUGH● 4●  0●  0●  0.00●  0.00●  │  ● 23012● AC ●
●●●●●●●●●●●●●●●●●●●●●●●●●●●●●●●●●●●●●●●●●●●●●●●●●●●●●●●●●●●●●●●●●●●●●●●●      ●●●●●●●●●●●●●
```

<u>Bild 5-7:</u> Auszug aus einer Fräsbearbeitungsliste

Um den Anforderungen einer ACC-Einheit gerecht zu werden, müssen die Programme des Programmiersystems abgeändert oder ergänzt werden. Dies geschieht anhand der Flußdiagramme in Bild 5-8.

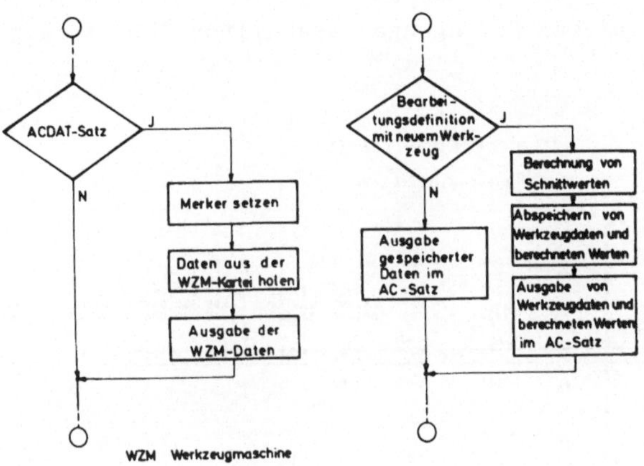

<u>Bild 5-8</u>: Verarbeitung von CLDATA-Sätzen

Die ACDAT-Anweisung enthält die notwendigen Eingabeparameter für die ACC-Einheit. Von diesen Parametern werden die maschinenbezogenen einmal aus der Werkzeugmaschinen-Datei des Programmiersystems mit Werten belegt und ausgegeben. Den werkzeugbezogenen Parametern werden erst beim Aufruf einer Bearbeitung Kennwerte des Werkzeugs zugeordnet. Während die Maschinendaten für einen Arbeitsvorgang unverändert bleiben, wechseln die Werkzeugdaten möglicherweise mehrmals. Tritt eine Bearbeitungsdefinition mit einem neuen Werkzeug auf, erfolgt der Aufruf des Schnittwertmodells und es wird die Schnittwertberechnung für diesen speziellen Fall einmal durchgeführt, damit für die ACC-Einheit Ausgangswerte vorliegen. Entsprechend den Parametern in der ACDAT-Anweisung wird nun die Vorschubgeschwindigkeit bzw. die Spindeldrehzahl sowie die notwendigen Werkzeugdaten aus der Werkzeugkartei des Programmiersystems in fest vorgegebener Reihenfolge in einem AC-Satz im CLDATA ausgegeben. Gleichzeitig werden diese Daten systemintern ab-

gespeichert. Bei einem erneuten Bearbeitungsaufruf mit einem
vorher bereits einmal verwendeten Werkzeug übernimmt das System
die intern abgespeicherten Werte. Anstatt der bisher üblichen
SPINDL- und FEDRAT-Sätze erscheint - bei der Bearbeitung mit
der AC-Einheit - im CLDATA jetzt der AC-Satz. Einen Auszug aus
einem unter diesen Bedingungen erstellten CLDATA zeigt Bild
5-9.

```
                     PROGRAMMIERBEISPIEL - EXAPT3

                     **PRINTOUT OF CLDATA 2 **


  RCN  TYPNAME  TYP  STYP

   1   CARDNO    1    1
   2   PARTNO    2  1045    PROGR    AMMIER    BEISPI   EL - E   XAPT3
   3   CARDNO    1   73
   4   TOOLST    2  1086    5.000    1.000     1.000    0.000    5.000    0.000 23012.000     6.000     .010
                            .800    16.000    20.000   12.000     .600   30.000     0.000   500.000   90.000
                           0.000     0.000   180.000   30.000    0.000    0.000     0.000     0.000    0.000
   5   CARDNO    1    2
   6   MACHIN    2  1015    ISABEL     125
   7   ACDAT     2  1034    4.500  4000.000    0.000    0.000   50.000    0.000
   2   CARDNO    1    4
   3   PART     15  1501    3101     1.000     3102
   4   CARDNO    1    5
   5   CLPRNT    2  1031
   6   CARDNO    1    6
   7   CLDIST    2  1071    2.000
   8   CARDNO    1   78
   9   WORK     15   53
  10   CUT      19  1204   30.000        0        0    0.000    0.000        1        0        9
   0   CONTUR   30    5    AKON      3714        9   15.000        0    0.000   200.000   100.000    -.000
                           -.000
   1   CONTUR   30    6   10.000    -.000     0.000    0.000   -1.000    0.000     0.000     3723     3221
                          -1.000     0.000        0

   8   CONTUR   30    6    -.000    10.000     .100   10.000   10.000    0.000     0.000     3723     3221
                          -1.000     0.000        0
   9   CONTUR   30    6   10.000    -.000     0.000    0.000    0.000    0.000     0.000     3721     3220
                           0.000     0.000        0
  11   TOOLNO    2  1025  23012.000
  12   AC        2  3230    0.000     0.000    0.000        0    0.000    0.000        0     0.000     .343
                            0.000
  13   GOTO      5    5    INTERN        0   10.000    6.000   15.000
  14   SURFAC    3    2        3        4        9   INTERN        0   10.000   10.000    15.000    0.000
                            0.000    -1.000    4.000
  15   GOTO      5    5    INTERN        0    6.000   10.000   15.000
```

<u>Bild 5-9:</u> Auszug aus einem CLDATA

Ein einfaches Testbeispiel (Bild 5-10) zeigt das Ergebnis dieser Untersuchungen. Die Gesamtrechenzeit für dieses Werkstück
beträgt 7,5 s. Der Anteil für die Berechnung der Schnittdaten
entspricht dabei 26 %. Bei Anwendung des neuen Verfahrens
sinkt die Gesamtrechenzeit auf 6 s und der Anteil für die
Schnittwertberechnung hierbei auf 2,6 %. Die Rechenzeiteinsparung wird bei steigender Rechenzeit für die eigentliche Bahnzerlegung kleiner, während sich mehrere Bearbeitungsstellen
für dasselbe Werkzeug günstig auf die Gesamtrechenzeit auswir-
ken. Außer der Rechenzeiteinsparung besteht ein weiterer Vorteil darin, daß für jedes eingesetzte Werkzeug die entspre-

chenden Daten und Schnittwerte nur einmal erscheinen. Es ergibt sich somit eine Steuerdatenreduktion / 31 /.

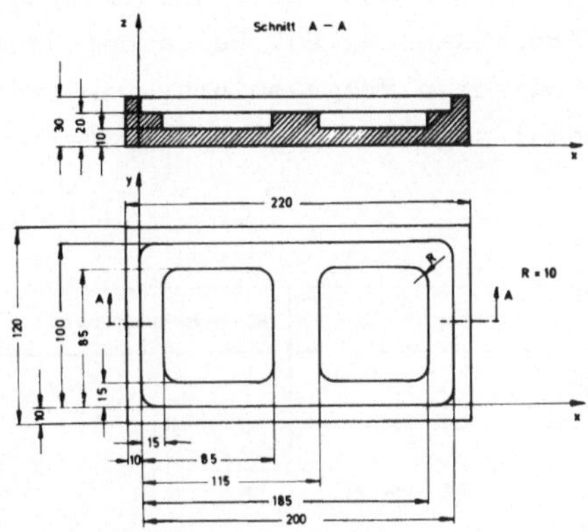

Bild 5-10: Testwerkstück

5.1.3 Einfluß einer Werkzeugmaschinenkartei auf die NC-Pro-
grammierung

Wie in Kapitel 2 dargestellt, finden maschinenspezifische Daten Eingang in das NC-Programmiersystem, so daß im Anpassungsprogramm nur wenige Aufgaben der Anpassung durchzuführen sind.
Hiervon ausgehend sieht das Konzept 2 (Bild 4-1) die vollständige Übernahme der Funktionen des Anpassungsprogramms durch
das Programmiersystem vor. Diese Übernahme erweist sich als
vorteilhaft bei näherer Betrachtung der Funktionsvielfalt des
Programmiersystems und der bestehenden Normen.

NC-Programmiersysteme, wie z. B. EXAPT, verfügen über ein aus-
gedehntes Funktionsspektrum. Wie bereits in Kapitel 4 dargelegt, verbleiben bei Berücksichtigung dieses Funktionsspek-
trums nur wenige Funktionen in der Steuerung. Weniger Funktionen in der Steuerung beinhalten jedoch auch weniger notwendige
Anpassungen im Anpassungsprogramm, so daß sich der Umfang des
Anpassungsprogramms verringert.

Bereits heute erfüllen viele der im Vordergrund des Anpassungsprogramms stehenden Umcodierungen die Aufgabe, eine Norm an
die andere anzupassen. Bild 5-11 zeigt einige direkte Verknüpfungen zwischen dem CLDATA und dem Programmaufbau für numerisch gesteuerte Arbeitsmaschinen. Bei einer Neuorganisation
der Schnittstelle zwischen Programmiersystem und numerischer
Steuerung mit einem festgelegten Format entfallen diese Umcodierungen.

CLDATA-Wort	CLDATA-Satz nach DIN 66 215	NC-Programm nach DIN 66 025
CYCLE	15 2 1054 163 ...	N12 ... G 81 ...
SPINDL	13 2 1031 1400 60	N14 S 1400 M 03
COOLNT	12 2 1030 71	N17 M 08
FEDRAT	14 2 1009 400	N18 F 400
GOTO	21 5 5 ... 10 50 100	N24 G 01 X10 Y50 Z100

Bild 5-11: Direkte Verknüpfungen zwischen den CLDATA- und den
NC-Programmanweisungen

Aufgrund dieser Gegebenheiten wird die "Mehr-Information" des
Anpassungsprogramms jetzt mit Hilfe einer Maschinenkartei dem
Programmiersystem zur Verfügung gestellt und als Format der
Schnittstelle zwischen Programmiersystem und numerischer Steue-
rung das CLDATA-Format festgelegt. Aus dieser Verlagerung er-
geben sich folgende Auswirkungen:

- Auflösung des Anpassungsprogramms,
- vollständige Eliminierung von Funktionen,
- neue Funktionen sowohl für das Programmiersystem als auch
  für die Steuerung,
- Aufbau einer Werkzeugmaschinenkartei,
- weitergehende Standardisierung der Schnittstelle und

- getrennte Darstellung von Geometrie und Technologie an der
  Schnittstelle.

Die Auswirkungen der Neuorganisation auf das Funktionsspektrum
der numerischen Steuerung enthält Kapitel 5.3.

Bei der Anpassung im Programmiersystem wird die Verarbeitung
soweit ausgeführt, wie es die zur Verfügung stehenden Daten
des Teileprogramms und der Karteien zulassen. Im konkreten
Fall bedeutet dies, daß nur Informationen, die zur Zeit der
Programmerstellung noch nicht zur Verfügung stehen, nachträglich bei der Fertigung eingefügt werden müssen (z. B. Werk-
zeugradiuskorrektur). Im folgenden soll nun gezeigt werden,
wie die Aufgaben des Anpassungsprogramms im Programmiersystem
realisiert werden und wie die dazu notwendige Werkzeugmaschinenkartei aussieht.

Bei der Untersuchung der Aufgaben des Anpassungsprogramms ist
es sinnvoll anhand der in / 6 / beschriebenen CLDATA-Sätze
vorzugehen, da sie eine Aussage über sämtliche Funktionen
eines Anpassungsprogramms zulassen. In Bild 5-12 sind die wesentlichen CLDATA-Sätze nach den Ordnungskriterien <u>Geometrie</u>,
<u>Technologie</u> und <u>Organisation</u> aufgeteilt. Die Behandlung der
<u>Werkzeughandhabung und -organisation</u> sowie der <u>Verarbeitung</u>
<u>von Zyklen</u> ist besonders zu betrachten.

<u>Geometrie</u>

Die Werkstückgeometrie ist im CLDATA durch die Werkzeugposi-
tionsangaben und die Festlegung der Werkzeugbewegung enthalten.
Sie sind in den Sätzen mit den Satztypen 5000 und 15000 festgehalten.

Sätze vom Satztyp 5000 bestehen aus Koordinaten eines Punkts
oder einer Folge von Punkten für Werkzeugpositionen. Sätze vom
Satztyp 15000 beziehen sich auf Angaben über nichtlineare Ver-
fahrwege. Es wird jeweils der Zielpunkt und Bahnverlauf angegeben.

Satztyp	Hauptwort	Geometrie	Technologie	Organisation	in untersuchten Systemen ohne Berücksichtigung
1000				X	
2000	AUXFUN		X		
	COOLNT		X		
	DELAY		X		
	FEDRAT		X		
	RAPID		X		
	SPINDL		X		
	INSERT			X	
	MACHIN			X	
	PARTNO			X	
	PPRINT			X	
	OPSTOP			X	
	STOP			X	
	CYCLE	X	X		
	TOOLNO	X		X	
	LOADTL	X		X	
	SELCTL			X	
	UNLOAD	X		X	
3000					X
5000	FROM	X			
	GODLTA	X			
	GOTO	X			
6000	CUT-DNTCUT				X
	INTOL-OUTTOL	X			
	CUTTER			X	
9000	MULTAX			X	
	UNITS				X
14000				X	
15000	Kreis	X			
16000					X
17000					X
18000					X
19000					X
20000-32000					X

<u>Bild 5-12:</u> Zuordnung von CLDATA-Sätzen

Neben der Berücksichtigung des Eingabecodes für die Steuerung
führt das Anpassungsprogramm die Aufbereitung der CLDATA-In-
formation unter Beachtung der Einflußparameter durch. Diese
Anpassung muß nun vom Programmiersystem wahrgenommen werden.

Beeinflußt wird die Anpassung im Programmiersystem sowohl von
der Steuerung als auch von der Werkzeugmaschine. Einflußparameter der Steuerung sind z. B. die Steuerungsart (Punkt-,
Strecken- oder Bahnsteuerung), die absolute oder inkrementale
Bemaßung und der Interpolationsbereich. Für die Geometrie ist
von seiten der Werkzeugmaschine der zulässige Arbeitsraum von
Interesse. Ein Flußdiagramm (Bild 5-13) zeigt die hierzu notwendige Verarbeitung im Programmiersystem. Der Satztyp 15000
kann nur mit einer Bahnsteuerung unter Berücksichtigung der
Interpolationsmöglichkeiten abgearbeitet werden, hingegen erlaubt der Satztyp 5000 eine Verarbeitung von allen drei Steue-
rungsarten, wobei im Fall der Streckensteuerung nur achsparal-
lele Fahranweisungen zulässig sind.

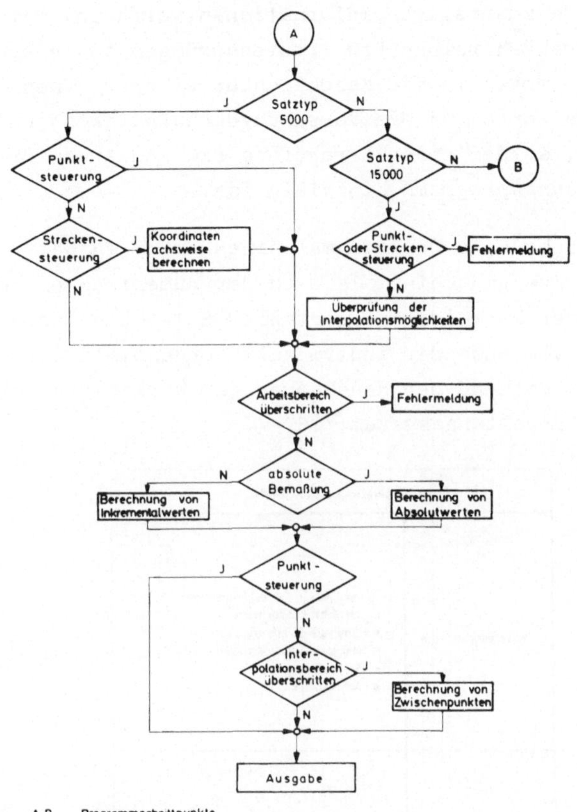

Bild 5-13: Verarbeiten von CLDATA-Sätzen der Satztypen 5000
und 15000

Technologie

Die Verarbeitung technologischer Information im Anpassungsprogramm bezieht sich in erster Linie auf die Schnittgeschwindig-
keit. Die Vorschubgeschwindigkeiten und Spindeldrehzahlen im
CLDATA sind die Ergebnisse des im Programmiersystem abgespeicherten Schnittwertmodells oder ergeben sich aus expliziten
Angaben im Teileprogramm. Damit nun im CLDATA nur Vorschubgeschwindigkeiten und Spindeldrehzahlen erscheinen, die für die
Steuerung zugelassen sind, muß das Programmiersystem über

entsprechende zusätzliche Informationen verfügen. Mit der Aufnahme von Drehzahlreihen bzw. Stufensprüngen sowie spezifizierten Vorschubwerten in die Maschinenkartei erscheinen im CLDATA nur korrekte Werte für die Vorschubgeschwindigkeit und Spindeldrehzahl, so daß eine Überprüfung bzw. Änderung dieser Werte im Anpassungsprogramm hinfällig ist.

Die neu aufzubauende Werkzeugmaschinenkartei enthält Daten sowohl der Werkzeugmaschine als auch der numerischen Steuerung. Den Umfang der Karteidaten zeigt Bild 5-14. Die Erstellung und Wartung muß vom Anwender individuell vorgenommen werden. Sie erfolgt entsprechend der Handhabung der Werkzeugkartei mit einem Dateiverwaltungssystem / 32 /.

Daten der Werkzeugmaschinenkartei	
Werkzeugmaschine	• verfügbares Spindeldrehmoment • verfügbare Motorleistung • minimale Spindeldrehzahl • maximale Spindeldrehzahl • Stufensprung • Arbeitsraum
Steuerung	• numerisch steuerbare Achsen • gleichzeitig numerisch steuerbare Achsen • inkrementale Bemaßung • absolute Bemaßung • Interpolationsarten • maximaler Verfahrbereich / Satz • maximaler Bogenwinkel / Satz • minimaler Vorschub • maximaler Vorschub

Bild 5-14: Maschinenkartei

Organisation

Aus der Menge der Hauptwörter vom Satztyp 2000, die in / 6 / aufgeführt sind, werden i. a. für eine Werkzeugmaschine nur

ca. 40 % benötigt. Die wichtigsten hiervon sind im Bild 5-12
angegeben. Die meisten weisen organisatorischen Charakter auf
und werden entweder bereits vom Programmiersystem abgearbeitet
(z. B. PPRINT) und haben damit ihre Bedeutung im CLDATA verlo-
ren oder können direkt von der Steuerung verarbeitet werden
(z. B. STOP). Die übrigen Hauptwörter dieses Satztyps, die im
Bild 5-12 nicht aufgeführt sind, können nur sehr schwierig und
mit großem Aufwand über das Teileprogramm angesprochen werden,
da sie im Programmiersystem nicht berücksichtigt sind. Es
empfiehlt sich daher für solche Fälle, die Steuerung im Teileprogramm entsprechend der Teileprogrammanweisung INSERT unmit-
telbar anzusprechen.

Werkzeughandhabung und -organisation

Im Programmiersystem EXAPT werden die für ein Werkstück benötigten Werkzeuge im CLDATA in einer vorangestellten Werkzeugliste (CLDATA-Wort TOOLST) aufgeführt und mit Einzelaufrufen,
die einen Verweis auf die Liste enthalten (CLDATA-Wort TOOLNO),
angesprochen. Diese Darstellung, d. h. Einwechseln eines Werkzeugs, ohne es vorher bereitgestellt zu haben, ist im Hinblick
auf einen automatisierten Werkzeugwechsel nicht geeignet. Aus
diesem Grund ist es die Aufgabe des Anpassungsprogramms, aus
dem Einzelaufruf drei Befehle (Bild 5-15) zu generieren. Das
im Einsatz befindliche Werkzeug muß entladen, das neue gesucht
und eingewechselt werden. Zur Verringerung der Werkzeugwech-
selzeiten wird der Suchvorgang für das neue Werkzeug bereits
nach dem Einwechseln des vorangegangenen Werkzeugs eingeleitet.
Bei der Verarbeitung des CLDATA ohne Anpassungsprogramm durch
die Steuerung müssen u. a. Maßnahmen im Programmiersystem er-
griffen werden, die eine wirtschaftliche Gestaltung des Werk-
zeugwechselvorgangs durch eine veränderte CLDATA-Darstellung
erlauben. Darüber hinaus sind Maßnahmen in der Steuerung notwendig. Die vorangestellte Werkzeugliste bleibt im CLDATA aus
organisatorischen Gründen erhalten. Für den Fall eines zentralen Werkzeugspeichers und dezentralen Werkzeugspeichern an den
Maschinen wird mit ihr der Werkzeugtransfer zum dezentralen

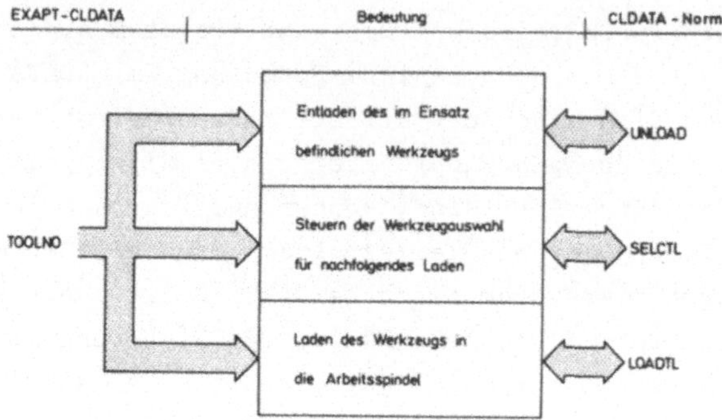

Bild 5-15: CLDATA-Angaben zur Werkzeughandhabung

Speicher eingeleitet. Der Einzelaufruf wird weiterhin mit dem
CLDATA-Wort TOOLNO durchgeführt und beinhaltet jetzt nur noch
Entladen des im Einsatz befindlichen Werkzeugs und Einwechseln
des nächsten entsprechend den CLDATA-Wörtern UNLOAD und LOADTL.
Nach jedem Werkzeugwechsel wird das Werkzeug, das als nächstes
benötigt wird, im dezentralen Werkzeugspeicher mit Hilfe des
CLDATA-Worts SELCTL bereitgestellt. Diese SELCTL-Angaben werden
vom Programmiersystem nach Fertigstellung des vollständigen
CLDATA eingeschoben, da erst dann die exakte Reihenfolge der
benötigten Werkzeuge vorliegt.

Im Zusammenhang mit dem Werkzeugwechsel muß das Anfahren einer
Werkzeugwechselposition berücksichtigt werden. Handelt es sich
um eine maschinenfeste Werkzeugwechselposition, d. h. der Werkzeugwechsel kann nur an einem fest vorgegebenen geometrischen
Ort im Werkzeugmaschinen-Koordinatensystem vorgenommen werden,
erfolgt eine Aufgabenverlagerung in die Steuerung. Die Steuerung generiert dann selbsttätig die zum Werkzeugwechsel notwendigen Fahrbefehle. Wird das Werkzeugmagazin der Werkzeugmaschine mitgeführt, müssen die für den Werkzeugwechsel notwendigen geometrischen Angaben bereits im Teileprogramm angegeben werden. Das Programmiersystem erzeugt dann die zum Werk-

zeugwechsel erforderlichen Fahranweisungen.

Die Werkzeugcodierung muß bei den Überlegungen zur Festlegung des Funktionsumfangs für das Programmiersystem mit in Betracht gezogen werden. In Abhängigkeit von der gewählten Werkzeugcodierung, d. h. die einzelnen Werkzeuge codieren bzw. deren Platz, muß die TOOLNO-Anweisung die Werkzeugnummer oder die Nummer des Magazinplatzes enthalten. Das Einfügen der Werkzeugnummer bedeutet für das Programmiersystem keinen erheblichen Mehraufwand. Hingegen stellt die Magazinplatzvergabe im Programmiersystem einen nicht vertretbaren Vorgriff auf die Werkzeugorganisation dar, da dann z. B. eine Magazinplatzbelegung für mehrere Werkstücke nicht mehr möglich ist. Wird aus technischen Gründen die Platzcodierung an der Werkzeugmaschine dennoch vorgenommen, so muß die Zuordnung der Werkzeugnummer zum Platz im Magazin an der Werkzeugmaschine in der Steuerung durchgeführt werden.

Zyklenverarbeitung

Die Zyklenverarbeitung bei der NC-Programmerstellung verläuft bisher in zwei Stufen. Das Programmiersystem bestimmt die Folge der Bearbeitungsarten mit den jeweils dazugehörigen Werkzeugen. Mit Rücksicht auf die in der Steuerung realisierten Funktionen führt das Anpassungsprogramm oder die Steuerung die Auflösung der Bearbeitungsarten in Operationsfolgen durch.

Zur Darstellung der Zyklen werden im CLDATA mindestens zwei Sätze benötigt. Der erste enthält verschlüsselt die Bearbeitungsart (z. B. Bohren, Senken, Gewindeschneiden) sowie geometrische und technologische Angaben der Bearbeitung. In den nachfolgenden Sätzen werden die Koordinaten angegeben, bei denen die Operationen ablaufen sollen.

Ohne spezielle Eigenschaften der Werkzeugmaschine zu vernachlässigen, übernimmt bei der Aufgabenneuzuordnung das Programmiersystem die vollständige Zyklenauflösung. Das CLDATA enthält dann die in Einzeloperationen aufgelösten Zyklen. Die

Funktion Zyklenauflösung kann damit in der Steuerung entfallen. Da jetzt jede Operation bei der Informationseingabe explizit aufgeführt ist, vergrößert sich der Eingabeumfang in die Steuerung. Dies ist bei der Eingabe mit Hilfe eines Lochstreifens zwar ein Nachteil, spielt aber bei der rechnerunterstützten Informationsverteilung eine untergeordnete Rolle.

Schnittstellenformat

Das Ausgabeformat des Programmiersystems, das CLDATA, entspricht für den hier gezeigten Anwendungsfall dem Eingabeformat in die Steuerung. Zwischengeschaltet ist die rechnerunterstützte Informationsverteilung. Mit der Festlegung des Schnittstellenformats auf die CLDATA-Norm ist eine weitergehende Standardisierung erreicht, da sie mit mehr Beschreibungsmöglichkeiten als die bisherige Norm zur Dateneingabe in Steuerungen ausgestattet ist. Zusätzlich verfügt sie über eine getrennte Darstellung von Geometrie- und Technologie-Angaben. Sie sind in jeweils separaten CLDATA-Sätzen untergebracht. Für die nachfolgende Verarbeitung in der Steuerung hat dies eine Erleichterung bei der Informationsverarbeitung zur Folge.

5.2 Steuerdatenverwaltung und -verteilung in integrierten Systemen

Entsprechend den Funktionsänderungen und Funktionsneuzuordnungen des Konzepts 2 aus Bild 4-1 ergeben sich für den DNC-Rechner die Funktionen NC-Programmverwaltung und NC-Programmverteilung sowie die Betriebsdatenverarbeitung.

Es werden in diesem Konzept vollständige NC-Programme bzw. große Programmabschnitte vom DNC-Rechner an die numerische Steuerung übergeben. Damit ist die Informationsverteilung des DNC-Rechners losgelöst von der mit der aktuellen Fertigung schritthaltenden Steuerdatenabarbeitung. Das Konzept hat direkte Auswirkungen auf die Eigenschaften des DNC-Rechners und auf die Datenübertragung an die Steuerung.

Alle Programmaufwendungen im DNC-Rechner im Hinblick auf eine zeitgerechte Datenübertragung entfallen. Die Einführung von DNC-Systemen wird durch die Verlagerung zeitkritischer Funktionen wesentlich vereinfacht. Das so aufgebaute System wird hinsichtlich eines Ausfalls aufgrund von Zeitanforderungen sicherer. Es ist darüber hinaus in der Lage, eine große Anzahl von Maschinen mit Daten zu versorgen. Der Übergang der Funktion NC-Programmverwaltung zu einer Datenbank für Steuerinformationen wird eingeleitet / 16 /.

Die bisher zeitkritische Datenübertragung zu den einzelnen numerischen Steuerungen wird ersetzt durch eine zeitunkritische. Die fortwährende Datenanforderung wird steuerungsintern überwacht und ausgeführt. Nur nach Abarbeitung eines vollständigen Programms bzw. Programmabschnitts wird neue Information angefordert. Die Anforderungszeiten für unterschiedliche Programme unter der Voraussetzung eines genügend großen NC-Programmspeichers in der Steuerung enthält Bild 5-16 / 16 /. Ist der Speicher kleiner als die Programmlänge dimensioniert, verkürzen sich die Anforderungsintervalle.

NC-Maschine	NC-Programm				
	N	T	A_M	T_G	L
Bohrwerk 1	80	3,6	776	2794	12,1
Bohrwerk 2	20	3,8	315	1197	14,4
Lehrenbohrwerk	60	8,0	92	736	16,4
Bearbeitungszentrum	25	2,4	404	969	17,9
Drehmaschine 1	160	2,4	70	168	17,3
Drehmaschine 2	160	2,4	70	168	17,3

N Anzahl der gesamten NC-Programme
T mittlere Bearbeitungsdauer pro NC-Satz in Sekunden
A_M mittlere Anzahl der NC-Sätze pro NC-Programm
T_G mittlere Bearbeitungsdauer pro NC-Programm in Sekunden
L mittlere Zeichenzahl pro NC-Satz

Bild 5-16: Anforderungszeiten für NC-Programme

Die Anzahl der zu übertragenden Daten zwischen dem DNC-Rechner und den numerischen Steuerungen entspricht der vorgenommenen

Neuorganisation. Daten, die während der Steuerdatenabarbeitung
bei auftretenden Fehlern die Steuerdateneingabe unterbrechen,
werden nicht mehr übertragen. Zusätzlich erfolgt die Übergabe
der in der Steuerung festgehaltenen Betriebsdaten an den DNC-
Rechner.

Es können alle die Funktionen im DNC-Rechner verwirklicht werden, die keinen Einfluß auf die NC-Programmierung haben. Hierunter fallen sämtliche Funktionen der organisatorischen Datenverarbeitung, wie Funktionen der Fertigungssteuerung, der Betriebsdatenverarbeitung etc.

Das Konzept bringt für das Gesamtsystem insgesamt mehr Sicherheit, da man autark arbeitende Steuerungen hat und selbst kurz-
fristige Totalausfälle des DNC-Rechners abfängt. Damit ist die
Gefahr des Produktionsstillstands beim Ausfall des zentralen
Rechners beseitigt.

Im Hinblick auf die Verfügbarkeit der einzelnen Teilkomponenten des Gesamtsystems (Bild 4-1) kommt das Konzept 2 dem vermehrten Angebot von numerischen Steuerungen mit einem Programmspeicher entgegen.

Aufgrund der Abnahme des Funktionsumfangs für den DNC-Rechner
und durch die zeitunkritische Datenübertragung ist der Einsatz
bisher üblicher Rechnermodelle nicht mehr geeignet. Dieser
veränderten Situation muß die notwendige Rechnerhardware in
Zukunft angepaßt werden. Die Rechner können langsamere Befehls-
zeiten aufweisen bei gleichzeitiger Verringerung der Kapazität
des Arbeitsspeichers.

5.3 Numerische Steuerungen in integrierten Systemen

Der Funktionsumfang für eine numerische Steuerung in einem in-
tegrierten System (Bild 4-1, Konzept 2) ergibt sich aus den
Funktionszuordnungen für das NC-Programmiersystem und das DNC-
System.

Die Standardaufgaben einer numerischen Steuerung, die zur Ermittlung von Führungsgrößen der Lageregelkreise und zur Ausgabe von Stellbefehlen führen, bleiben erhalten. Die Funktionen Unterprogrammtechnik und Arbeitszyklenauflösung sind aufgrund der Realisierung im Programmiersystem in der Steuerung nicht mehr nötig. Die veränderte Ausgabe des Programmiersystems im CLDATA-Format bringt zusätzliche Aufgaben für die Steuerung mit sich.

Die zusätzliche Funktionsübernahme durch die numerische Steuerung läßt vermuten, daß die zeitlichen Anforderungen der hinzugekommenen Informationsverarbeitung negativen Einfluß auf die Arbeitsweise der Steuerung z. B. in Form von Bearbeitungsmarken am Werkstück haben. Durch die Datenaufbereitung im Programmiersystem wird dies verhindert. Die für die Steuerung verbleibenden Funktionen sind dabei zeitunkritisch. Formal geschieht die Aufbereitung in der Form, daß durch die Verarbeitung eines einzelnen CLDATA-Satzes mindestens ein Befehl in der Steuerung ausgelöst wird. Man benötigt also keine Zwischenspeicherung von CLDATA-Sätzen in der Steuerung, wie es bislang im Anpassungsprogramm erforderlich war (Bild 5-17).

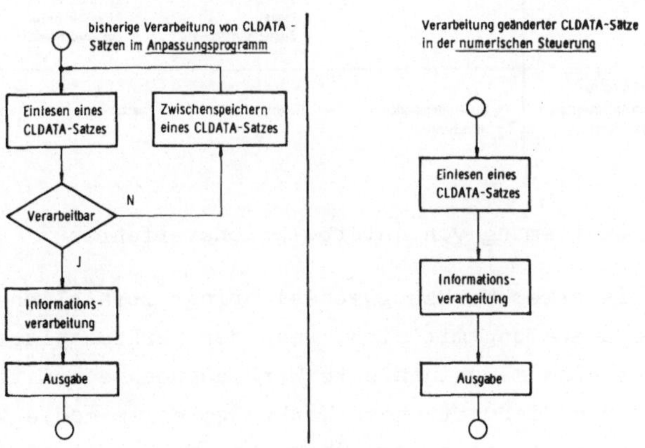

Bild 5-17: Verarbeitung von CLDATA-Sätzen

Die Werkstückgeometrie ist in den CLDATA-Sätzen vom Typ 5000 und 15000 enthalten. Die Festlegung der zu verwendenden Inter-

polationsverfahren obliegt der numerischen Steuerung. Bild
5-18 zeigt für translatorische Achsen die Bestimmung der In-
terpolationsverfahren in Abhängigkeit von der Darstellung des
Verfahrwegs im CLDATA. Bei linearen Verfahrwegen setzt man die
Linearinterpolation ein. Außer bei linearen Verfahrwegen findet die Zirkularinterpolation oder die parabolische Interpolation Anwendung. Im allgemeinen ist die Zirkularinterpolation
für die meisten Bearbeitungsfälle ausreichend. Ist eine genau-
ere Approximation an die Werkstückgeometrie notwendig, wird
die parabolische Interpolation eingesetzt. Die parabolische
Interpolation wird ebenfalls angewandt, wenn damit eine Reduzierung der Punktdichte erreicht wird und dies erforderlich
ist.

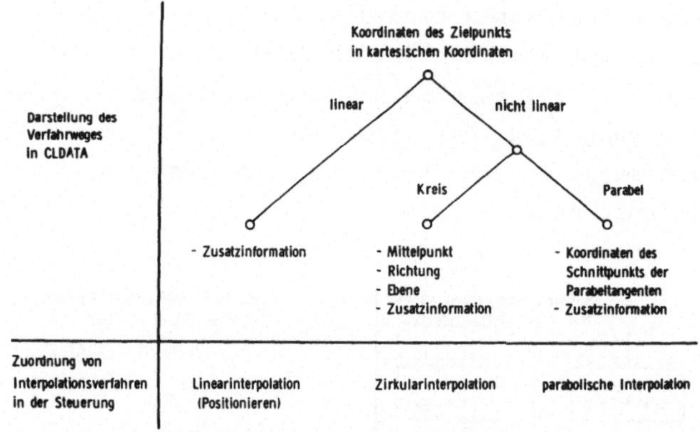

<u>Bild 5-18:</u> Bestimmung von Interpolationsverfahren

Ein automatisierter Werkzeugwechsel bringt zusätzliche Aufgaben für die Steuerung mit sich, wenn der Werkzeugplatz codiert
ist und/oder eine maschinenfeste Werkzeugwechselposition vorliegt. Sind die einzusetzenden Werkzeuge einem codierten Platz
zugeordnet, muß die Steuerung über eine Werkzeugliste verfügen
(Bild 5-19), die ausgehend von einer Werkzeugidentnummer eine
Aussage über den dazugehörigen Magazinplatz macht. Falls der
Werkzeugwechsel nur an einer vorgegebenen Position durchführ-

bar ist, sind die geometrischen Daten dieser Werkzeugwechselposition in der Steuerung abzuspeichern. Aufgrund eines Werk-
zeugwechselbefehls werden dann die erforderlichen Verfahran-
weisungen zur Wechselposition von der Steuerung generiert.

Werkzeug	Identnummer	Platz
Gesenkfräser	21010	3
.	.	.
.	.	.
Messerkopf	131262	4
.	.	.
.	.	.
Schaftfräser	231030	8
.	.	.
.	.	.
Wendelbohrer	500605	1

Bild 5-19: Werkzeugliste für Maschine A

Die Wahl des CLDATA-Formats an der Schnittstelle zum Programmiersystem hat den Vorteil, daß Geometrie- und Technologie-
Angaben bereits getrennt vorliegen. Eine spätere Differenzie-
rung dieser Informationen, wie sie bisher in Steuerungen notwendig und in / 33 / dargestellt sind, erübrigt sich. Hinzu
kommt, daß eine nachträgliche Erweiterung der Fertigungseinheit um einfache abgegrenzte Funktionen, die mit der Eingabesprache des Programmiersystems nicht erfaßt werden, wesentlich
einfacher berücksichtigt werden kann. Die Funktionen werden
direkt im Teileprogramme im CLDATA-Format angesprochen. Eine
Ausführung durch die Steuerung kann dann sofort erfolgen.

Die Funktionszuordnung für den DNC-Rechner aus Kapitel 5.2
schließt folgerichtig die Notwendigkeit eines NC-Programmspeichers sowie die Korrektur von NC-Programmen und die Betriebsdatenerfassung in der Steuerung ein. Die Realisierung einer
Speicher- und Korrektureinheit in einer numerischen Steuerung
wird in den folgenden Kapiteln vorgestellt.

5.3.1 Speicher- und Korrektureinheit in numerischen Steuerungen

Trotz eines teilweise integrierten und automatisierten Informationsflusses hat die Praxis bisher gezeigt, daß die Eingabedaten in die numerische Steuerung, die NC-Steuerdaten, häufig mit Fehlern behaftet sind. Entsprechend dem gegenwärtigen Stand der Technik sind die bei der Fertigung des ersten Werkstücks verwendeten Lochstreifen nur in seltenen Fällen fehlerfrei. Nach / 34 / werden bei der NC-Fertigung 6 % der zur Verfügung stehenden Maschinenzeit für das Testen von NC-Programmen und das Beseitigen von Fehlern beansprucht. Dabei ist das Beseitigen von Fehlern meist mit großen Schwierigkeiten verbunden. Der Einsatz von numerischen Steuerungen mit einer Korrektureinheit erlaubt jedoch eine Manipulation der NC-Daten an der Werkzeugmaschine und gewährleistet auf diese Weise einen effektiven Einsatz der Fertigungseinheit. Die positive Auswirkung für den Fall der maschinell erstellten Steuerlochstreifen zeigt Bild 5-20.

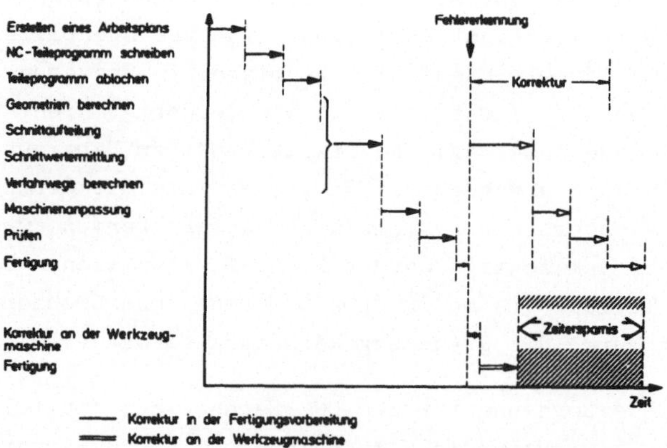

Bild 5-20: Möglichkeiten zur Beseitigung von Programmierfehlern

5.3.1.1 Analyse der Korrekturmöglichkeiten und Entwicklung von Korrekturkonzepten

Das NC-Programm enthält geometrische und technologische Angaben. Hiervon können die geometrischen Anweisungen anhand des erstellten CLDATA durch Plotterzeichnungen oder über den Bildschirm einfach überprüft werden. Diese Kontrolle ist jedoch, wie die Praxis zeigt, häufig unbefriedigend, so daß vor allen Dingen bei teuren oder geometrisch komplizierten Werkstücken ein Testwerkstück aus einem leicht bearbeitbaren Werkstoff angefertigt wird. Trotz dieser vorbeugenden Tests bleibt die letzte Kontrolle dem Mann an der Werkzeugmaschine bei der Fertigung des ersten Werkstücks vorbehalten.

Die am häufigsten auftauchenden Fehler, die bei der Fertigung des ersten Werkstücks anfallen, beruhen auf falschen Angaben von Maßen, Drehzahlen, Vorschubgeschwindigkeiten, Schnittiefen und bei komplizierten Werkstücken auf ungenauen Kollisionsbetrachtungen. Eine Änderung ist ohne Korrektureinheit umständlich und nimmt viel Zeit in Anspruch. Dabei stehen dann die Maschinen still, da bereits weitgehende Umrüstarbeiten vorgenommen worden sind, die ein erneutes Umrüsten für ein anderes Werkstück nicht mehr zulassen. Einen Beitrag zur Verkürzung dieser unproduktiven Zeit kann durch eine Korrektureinheit direkt an der Werkzeugmaschine erreicht werden / 35 /.

Es ergibt sich durch die Korrektureinheit nicht nur die Möglichkeit, die unproduktive Zeit zu verringern, sondern auch die Bearbeitungszeiten zu beeinflussen. Denn Programmoptimierungen, auf die bislang oft wegen der umständlichen Korrekturmöglichkeit verzichtet wurde, sind mit einer solchen Zusatzeinrichtung leichter durchzuführen.

Anhand der bisher üblichen Vorgehensweise zeigt Bild 5-21 für den Fall der sequentillen Abarbeitung von Geometrie und Technologie die einzelnen Verarbeitungsstufen, die Verarbeitungsmittel, die Kontrollmöglichkeit und die Stelle, an der die Korrektur vorgenommen werden soll. Man erkennt, daß bei einer

notwendigen Korrektur in Abhängigkeit von der Ursache und Auswirkung des Fehlers ein Korrektureingriff entweder im Teile-
programm, im CLDATA, im NC-Programm oder durch Parameteränderung an der Steuerung vorgenommen werden muß.

Verarbeitungsstufe	Verarbeitungsmittel	Kontrollmöglichkeit	Stelle der Korrektur
Teileprogramm	Geometrie-Verarbeitungsprogramm		
CLDATA 1	Technologie-Verarbeitungsprogramm	Kontrolle der Geometrie	Teileprogramm CLDATA 1
CLDATA	Anpassungsprogramm	Werkzeugbewegung	Teileprogramm CLDATA
NC-Programm	NC-Werkzeugmaschine	Sichtkontrolle durch Auflisten	NC-Programm
Werkstück		Kontrolle der Technologie	Teileprogramm CLDATA NC-Programm Parametereinstellung an der Steuerung

Bild 5-21: Erstellen eines NC-Werkstücks

Die Korrektur im Teileprogramm bedeutet die abermalige Inanspruchnahme eines Rechners. Dabei werden jedoch auch die fehlerfreien Programmteile nochmals verarbeitet. Es entsteht zusätzlicher und unnötiger Rechenaufwand. Eine Abhilfe wird
durch die sogenannte Segmentierung erreicht. Das Teileprogramm
wird in Abschnitte zerlegt, die jeweils logische Programmteile
beinhalten. Diese werden dann separat getestet. Die für die
einzelnen Segmente notwendigen Anweisungen und Definitionen
müssen über eine Bibliothek zur Verfügung gestellt werden.

Eine Korrektur des CLDATA setzt die genaue Kenntnis des CLDATA-
Formats voraus. Diese Kenntnis ist jedoch zum Erstellen von

Teile- bzw. NC-Programmen nicht notwendig, so daß nur speziell
geschultes Personal eine Korrektur an dieser Stelle einbringen
kann. Diese Schwierigkeit wird durch die Verwendung des Systems CONAPT umgangen. Es handelt sich hierbei um ein System,
welches für Korrekturen auf der CLDATA-Ebene entwickelt wurde
/ 37 /. Bei der Eingabe von Korrekturwerten in die Steuerung
im CLDATA-Format entfällt diese Schwierigkeit durch einen geeigneten Aufbau der Bedientafel, die ein problemloses Ansprechen der realisierten Funktionen zuläßt (siehe Kapitel 5.3.1.2).

Die Eingabeinformation in die Steuerung ist in mengenmäßigen
Einheiten erfaßbar. Beispielsweise sind die Ordnungskriterien
für NC-Steuerdaten nach / 8 / in der Reihenfolge der Informa-
tionsmenge: NC-Programm, NC-Satz und NC-Wort. Mehrere NC-Sätze
bilden ein NC-Programm, wobei ein NC-Satz aus mehreren Wörtern
besteht. Für die Korrektur an der Werkzeugmaschine ergibt sich
die Forderung, Änderungen bezüglich der quantifizierten Mengen
vorzunehmen. Als Korrekturfunktionen sind das Ersetzen, das
Ergänzen und das Löschen erforderlich, um sämtliche Korrekturen durchzuführen.

Die zusätzliche Übernahme von Korrekturfunktionen durch die
Steuerung bedeutet einen Mehraufwand an Hardware bei konven-
tionellen NC's bzw. an Software bei CNC's. Für beide Realisierungen sind erweiterte Eingabemöglichkeiten entsprechend
dem Eingabeformat an der Steuerung vorzusehen, ebenso sind
Speicher für die Korrekturwerte und ein dem Korrekturablauf
dienendes Steuerwerk bzw. Verwaltungsprogramm notwendig.

Bild 5-22 zeigt die möglichen Lösungskonfigurationen für eine
Korrektur an der Steuerung. Dabei wird zwischen kontinuierli-
cher und diskreter Korrektur unterschieden. Kontinuierliche
Korrektur bedeutet, es liegt ein fehlerhaftes NC-Programm vor,
welches erst zum Zeitpunkt der Abarbeitung korrigiert wird.
Bei der diskreten Korrektur werden die Korrekturen direkt in
das fehlerhafte NC-Programm eingefügt. Lösung 2 und Lösung 3
verfügen neben dem Korrekturspeicher auch über den für den
integrierten Ablauf (Bild 4-1, Konzept 2) erforderlichen

Programmspeicher. Die Verwaltung des Programmspeichers benötigt wesentliche Funktionen der Verwaltung des Korrekturspeichers, so daß nur wenige Funktionen zusätzlich aufgenommen
werden müssen, um vollständige Programme bzw. große Programmabschnitte in der Steuerung abzulegen. Nach dem einmaligen
Einschreiben der Information in den Speicher kann sie daraus
beliebig oft wieder ausgelesen werden. Weiter erkennt man aus
Bild 5-22, daß Lösung 1 aus Lösung 3 hervorgeht, wenn auf den
Programmspeicher verzichtet wird. Bei Lösung 2 wird mit einem
Speicher operiert. Eine Trennung von Korrektur- und Programmspeicher ist daher nicht möglich. Das Programm wird bei dieser
Lösung diskret korrigiert. Es kann dabei direkt oder indirekt
vorgegangen werden.

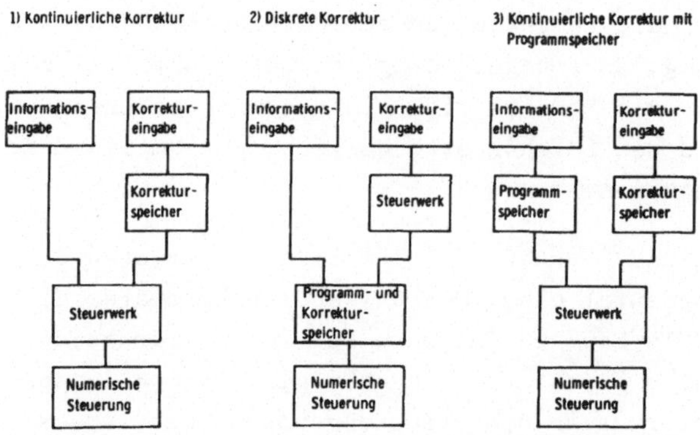

<u>Bild 5-22:</u> Korrekturmöglichkeiten an der numerischen Steuerung

Eine direkte Korrektur bedeutet, daß die Korrekturdaten sofort
in das gespeicherte Programm eingefügt werden. Bei der indi-
rekten Korrektur wird in dem Speicher ein Bereich reserviert,
in dem die Korrekturdaten abgelegt werden. Erst beim Abarbeiten des Programms werden die Korrekturdaten tatsächlich mit
Hilfe von Zeigern eingefügt (Bild 5-23). Aufgrund der Forderung, unterschiedliche Steuerungsvarianten unter Benutzung
eines modularen Aufbaus zu realisieren, kommt Lösung 2 nicht

in Betracht.

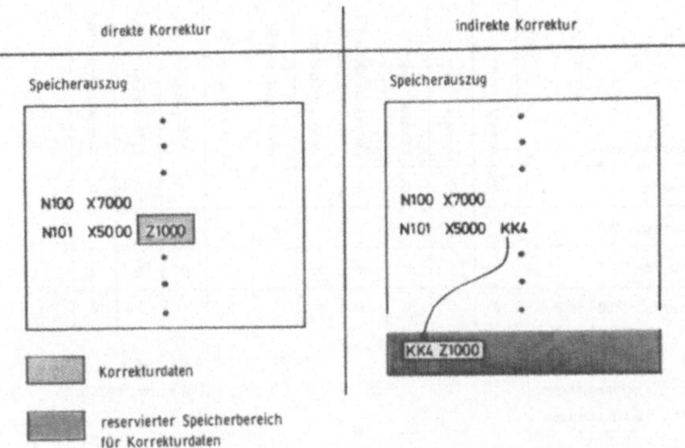

<u>Bild 5-23</u>: Korrekturen mit zusammengesetztem Programm- und
Korrekturspeicher

Anhand der Lösung 3 (Bild 5-22) sollen die zur Realisierung
einer Speicher- und Korrektureinheit notwendigen Zusätze, wie
Eingabe, Speicher und Steuerwerk, für eine konventionelle,
verbindungsprogrammierte Steuerung dargestellt werden. Das vorgestellte Hardware-Konzept kann unter Berücksichtigung der Eigenschaft von Rechnern auch in CNC's verwirklicht werden.

Die Korrekturstrategie ist direkt abhängig von dem gewählten
Schnittstellenformat. Die beispielhaft vorgestellte Realisierung orientiert sich noch an dem Lochstreifenformat. Mit ihr
können zunächst erste praktische Anwendungsfälle untersucht
werden. In einer weiteren Realisierung muß eine Anpassung an
das CLDATA-Format vorgenommen werden.

Die näher beschriebene Lösung gestattet es, unterschiedliche
Varianten mit verschiedenen Aufgabenspektren aufzubauen (Bild
5-24). Das Anwendungsgebiet dieser Varianten bleibt damit
nicht nur auf die integrierte Verarbeitung beschränkt.

- 104 -

Steuerungsvariante \ Aufgaben	Anzeige KSP	Anzeige PSP	Aktuelle Anzeige	Korrekturmöglichkeit	Ausgabemöglichkeit	Handeingabe in KSP	Handeingabe in PSP	LSTL Eingabe in KSP	LSTL Eingabe in PSP	Unterprogrammtechnik
1. Steuerung	0	0	0	0	0	0	0	0	0	0
2. Steuerung + KSP	X	0	0	X	X	X	0	X	0	X
3. Steuerung + PSP	0	X	X	0	X	0	X	0	X	0
4. Steuerung + PSP + KSP	0	0	X	X	X	X	X	X	X	X

KSP   Korrekturspeicher
PSP   Programmspeicher
LSTL Lochstreifenleser

X ≙ möglich
0 ≙ nicht möglich

Bild 5-24: Aufgaben der verschiedenen Steuerungsvarianten

5.3.1.2   Eingabe der Korrekturdaten

Für die manuelle Eingabe von Daten in eine Steuerung sind Ziffernstecker, Dekadenschalter, Drehschalter oder Tasten üblich.
Andere, aufwendigere Eingabemöglichkeiten sind der Bedienblatt-
schreiber oder der Bildschirm. Ziffernstecker werden zur Eingabe kleiner Programme direkt an der Steuerung, die über einen
geringen Funktionsumfang verfügen, verwendet. Zur Eingabe von
Korrekturwerten mit einem größeren Funktionsumfang sind sie
nicht geeignet, da die Eingabevielfalt durch Steckmöglichkei-
ten repräsentiert sein muß. Der Dekadenschalter ist als Eingabe-
mittel in eine numerische Steuerung bekannt und gebräuchlich.
Er wird am häufigsten eingesetzt. Im Zusammenspiel mit einem
Adressenwahlschalter, einem Drehschalter, werden beliebige
NC-Wörter gebildet.

Bei wachsender Menge der einzugebenden Information sinkt die
Anwenderfreundlichkeit von Dreh- und Dekadenschaltern. Für
solche Fälle haben sich Tasten bzw. Tastenfelder in letzter
Zeit als geeignet erwiesen. Jeder Taste ist genau ein Zeichen
zugeordnet. Nachgeschaltete Speicher halten das eingetippte

Zeichen fest. Bild 5-25 zeigt die Struktur der aufgebauten
Eingabeschaltung. Ein dem Schalter nachgeschaltetes Flip-Flop
dient der Entprellung des Signals. Zur Weiterverarbeitung wird
das Signal in ein BCD-Signal umgeformt und anschließend gespeichert. Zur gleichzeitigen Anzeige ist eine nochmalige Um-
codierung auf den für das Anzeigeelement notwendigen Code erforderlich.

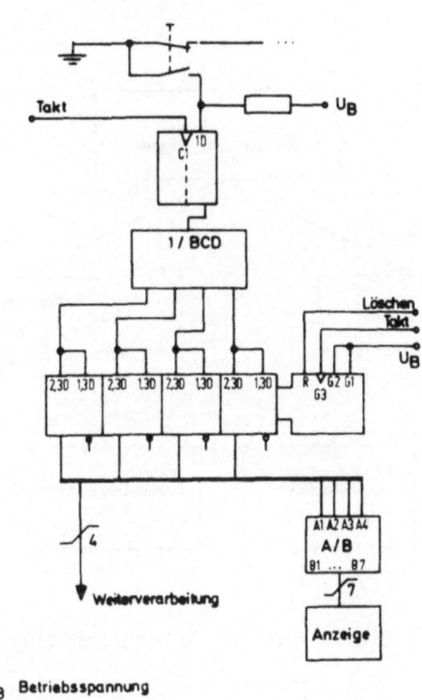

<u>Bild 5-25:</u> Struktur der Eingabeschaltung

5.3.1.3 Speicher für Programm- und Korrekturdaten

Da die Kosten für die eingesetzten Speicher in der Ausbaustufe
mit Programm- und Korrektureinheit mehr als 35 % der Gesamtko-
sten für die Bauelemente ausmachen, gilt der Auswahl der Speicher besondere Aufmerksamkeit. Es sind daher verfügbare Speicher auf ihre Anwendbarkeit in der Ergänzungseinheit zu untersuchen. Als Entscheidungskriterien dienen vor allen Dingen:
erreichbare Speicherkapazität, Speicherorganisation, Speicher-

dichte, typische Ein- und Auslesezeiten, Veränderbarkeit und
Beständigkeit gespeicherter Information, notwendige Spannungs-
versorgung, Leistungsverbrauch, Aufbautechnik und Kosten.

Eine Übersicht über Halbleiterspeicher mit wahlfreiem Zugriff
zeigt Bild 5-26. Man unterscheidet dabei Festwertspeicher und
Schreib-Lese-Speicher (RWM read-write-memory). Die letzteren
werden oft auch als RAM-Speicher (random-access-memory) bezeichnet.

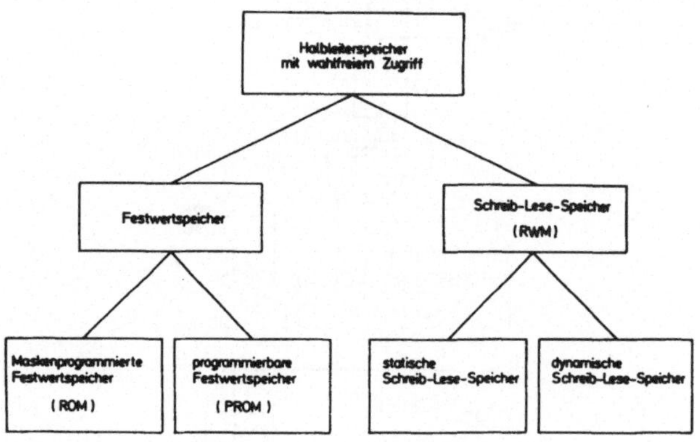

<u>Bild 5-26:</u> Übersicht über Halbleiterspeicher mit wahlfreiem
         Zugriff

Bei den Aufbautechnologien sind im wesentlichen zwei Technolo-
gien vorherrschend: die Speicher, die mit Hilfe bipolarer
Transistoren aufgebaut sind, und solche, die unipolare Transistoren (MOSFET metal-oxid-semiconductor-field-effect-transi-
stor) verwenden. Grundsätzlich zeichnen sich die in MOS-Tech-
nik hergestellten Speicher durch eine größere Packungsdichte
(bit/Volumen) und durch eine geringere Verlustleistung gegenüber den in bipolarer Technik aufgebauten Speichern aus, die
jedoch schnellere Schaltgeschwindigkeiten zulassen.

Festwertspeicher kommen für den Einsatz in der Ergänzungseinheit nicht in Betracht, da die zu speichernde Information be-

liebig oft verändert werden soll und dies bei Festwertspeichern entweder nur mit großem Aufwand oder gar nicht durchführbar ist.

Schreib-Lese-Speicher lassen sich dagegen beliebig oft programmieren. Hierbei besteht keine Vorschrift über die Reihenfolge der Adressen. In Abhängigkeit von der Art der Speicherung unterscheidet man statische und dynamische Schreib-Lese-Speicher. Statische Speicherzellen sind aus Flip-Flops aufgebaut, so daß zwei stabile Speicherzustände existieren. Der dynamische Schreib-Lese-Speicher nutzt den Effekt aus, daß die verwendeten MOS-Transistoren zeitlich begrenzt Ladungen auf den Gates halten können. Diese Ladungsträger müssen in einem bestimmten Zeitintervall unabhängig davon, ob eine Speicherzelle angesprochen wurde oder nicht, regeneriert werden. Dieser sog. Refresh-Zyklus ist notwendig, da die gespeicherten Ladungen infolge von Leckströmen wieder abfließen. Beim Einsatz dieser Speicher ist daher immer mit zusätzlichem Aufwand für den Refresh-Zyklus zu rechnen.

Bild 5-27 gibt eine Übersicht über die Eigenschaften beispielhafter Halbleiterspeicher. Über den Einsatz von statischen oder dynamischen Speichern bei gleichen technischen Eigenschaften entscheiden letzten Endes die entstehenden Kosten.

Typenbezeichnung	Technologie	Kapazität [bit]	Zugriffszeit [ns]	P_{mit} [mW/bit]
ROM	bipolar	256 x 4	40	0,46
ROM	MOS	1024 x 8	350	0,07
PROM	bipolar	256 x 4	45	0,5
PROM	MOS	256 x 8	700	0,13
RWM stat.	bipolar	256 x 1	50	2,5
RWM stat.	MOS	256 x 1	500	1,5
RWM dyn.	MOS	1024 x 1	300	0,25

P_{mit} mittlerer Leistungsbedarf

Bild 5-27: Übersicht und Eigenschaften von beispielhaften Halbleiterspeichern (Stand 1975)

Die Angabe einer exakten Grenze, bei welcher der kostengünstigere Einsatz von dynamischen Speichern gegeben ist, kann aufgrund der raschen Kostenentwicklung nur schwierig gezogen werden. In / 38 / wird die Grenze mit (16...32) kbit angegeben. Da jedoch Speichermodule bis hinab zu 1 k Worten (Wortlänge 8 bit) realisiert werden sollen (vgl. Kapitel 5.3.1.4), ist der Einsatz von statischen Speichern zu vertreten.

Der einzusetzende Speichertyp muß gewährleisten, daß die Datenausgabe jederzeit mit der zeitlichen Informationsanforderung Schritt halten kann. Die ebenfalls in Kapitel 5.3.1.4 geforderte Übertragungsrate wird von einem in MOS-Technologie aufgebauten, statischen Speicher eingehalten. Man nimmt somit zusätzlich den Vorteil der geringen Leistungsaufnahme gegenüber bipolaren statischen Speichern in Anspruch. Bild 5-28 zeigt die entworfene Speicherstruktur.

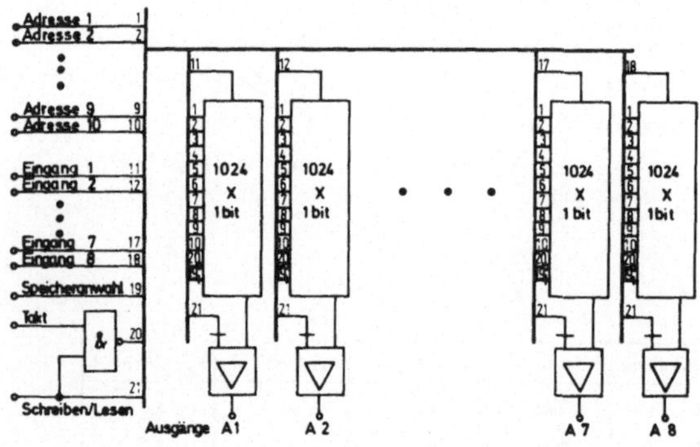

<u>Bild 5-28:</u> Struktur eines Speicher 1 k x 8 bit

<u>5.3.1.4 Dimensionierung und Auslegung der Speicher</u>

Die Ergänzungseinheit soll innerhalb von Steuerungsvarianten als modularer Zusatz zu einem Grundmodell einsetzbar sein. Dabei sollen die wesentlichen Eigenschaften des Grundmodells nicht verändert werden. Dies gilt vor allen Dingen für die

Einlesegeschwindigkeit der Information. Es muß gewährleistet
sein, daß beim Abarbeiten der Eingabeinformation keine Freischneidemarken am Werkstück entstehen, d. h. die Einlesegeschwindigkeit des Grundmodells von 150 Ze/s darf nicht wesentlich unterschritten werden. Als hauptsächliche Einflußfaktoren
auf die Einlesegeschwindigkeit sind

- die Art der Korrektur,
- die Dimensionierung der Speicher und
- die verwendete Speichertechnologie

zu nennen.

Die Art der Korrektur kann sowohl zeichenweise, wortweise als
auch satzweise sein. Die Präferenz für die wortweise Korrektur
ergibt sich aus der zu erzielenden Einlesegeschwindigkeit, dem
Hardware-Aufwand und dem Anwendungskomfort. Bild 5-29 zeigt
den Anwendungskomfort der Korrekturarten bezüglich der durch-
zuführenden Korrekturfunktionen.

Korrekturart Korrekturfunktion	zeichenweise	wortweise	satzweise
Zeichen ersetzen	+	+	−
Zeichen ergänzen	+	+	−
Zeichen löschen	+	+	−
Wort ersetzen	+	+	−
Wort ergänzen	+	+	−
Wort löschen	+	+	−
Satz ersetzen	−	+	+
Satz ergänzen	−	+	+
Satz löschen	−	−	+

+ gut geeignet

- nicht so gut geeignet

<u>Bild 5-29:</u> Anwendungskomfort in Abhängigkeit von der Korrektur-
art und der Korrekturfunktion

Es wird deutlich, daß eine satzweise Korrektur bei der Manipulation von Zeichen und Worten ungeeignet ist, da auch richtige
Information nochmals bei der Korrektur berücksichtigt werden
muß. Die zeichenweise Korrektur ist vorteilhaft bei den Kor-

rekturfunktionen bezüglich eines Zeichens. Der Komfort verringert sich, je größer die Korrekturmenge wird. Eine wortweise Korrektur ist sowohl für kleine als auch große Korrekturmengen anwenderfreundlich mit Ausnahme der Funktion "Satz löschen". Bezüglich des für die Korrektur notwendigen Zwischenspeichers ergibt sich ein 88 % geringerer Speicheraufwand bei einer wortweisen Korrektur gegenüber der satzweisen Korrektur, da nur ein Speicher für die maximale Wortlänge im Gegensatz zur maximalen Satzlänge vorgesehen werden muß. Es läßt sich auch daraus ein Vorzug für die wortweise Korrektur ableiten.

Bei der Zeitbetrachtung müssen mit Rücksicht auf das geforderte universelle Einsatzgebiet alle möglichen Anwendungsfälle in die Untersuchungen mit einbezogen werden, d. h. auch die Dateneingabe über den Lochstreifenleser. Diese Schnittstelle ist auch für DNC-Systeme von Interesse, da sie von solchen Systemen, die im BTR-Modus (behind tape reader) / 17 / arbeiten, zur Kopplung verwendet wird.

Für den im Hinblick auf die Einlesegeschwindigkeit ungünstigsten Fall, Dateneingabe vom Lochstreifen mit gefülltem Korrekturspeicher, ergeben sich bei einer satzweisen Korrektur (Index 1) folgende Zeitbetrachtungen:

$$E_{L1} = \frac{n_z}{T_{K1}} = \frac{n_z}{Z_K \, T_Z} \qquad (1)$$

mit E_{L1} als Eingabegeschwindigkeit, T_{K1} die Korrekturzeit, n_z die Anzahl der Zeichen im Satz, Z_K die Anzahl der Zeichen auf dem Korrekturspeicher und T_Z der Zykluszeit der Speicherelemente. Bei einer satzweisen Korrektur ist es notwendig, einen ganzen NC-Satz zwischenzuspeichern. Dieser relativ große Speicherbedarf kann durch Einbuße bei der Eingabegeschwindigkeit mit Hilfe der Strategie einer wortweisen Korrektur (Index 2) verringert werden. Die Eingabegeschwindigkeit ist dann:

$$E_{L2} = \frac{n_z}{T_{K2}} = \frac{n_z}{Z_K \, T_Z \, A_W} \qquad\qquad (2)$$

dabei sind gegenüber Gl. (1) E_{L2} die Eingabegeschwindigkeit, T_{K2} die Korrekturzeit und A_W die Anzahl der NC-Wörter je Satz. Die sich bei einer wortweisen Korrektur ergebende geringere Eingabegeschwindigkeit wird durch einen Korrekturspeicher mit einer zugeschnittenen Kapazität und durch schnellere Zykluszeiten der Speicherelemente wieder verbessert.

Für die Bestimmung der Speicherkapazität und der einzusetzenden Speicher-Bauelemente bedarf es einer detaillierten Untersuchung des zeitlichen Vorgangs bei der Eingabe und beim Korrekturablauf.

Die Schnittstelle zum Ankoppeln der Ergänzungseinheit muß so beschaffen sein, daß keine funktionellen Einschränkungen in der Steuerung erfolgen, d. h. der innere zeitliche Ablauf der Steuerung darf durch das Hinzuschalten zusätzlicher Hardware nicht verändert werden. Aus dieser Bedingung ergibt sich die Ankopplung entweder an die Schnittstelle Lochstreifenleser - NC oder Bedienfeld - NC. Da die Eingaben vom Bedienfeld hardwaremäßig verdrahtet sind und über keine einheitliche Darstellung verfügen, wird die Leserschnittstelle zur Ankopplung verwendet. Der Eingabecode entspricht dem Code nach / 7 /. Die Signale des Informationsaustausches zwischen Lochstreifenleser und numerischer Steuerung zeigt Bild 5-30. Die Verzögerungszeit von 2,3 ms wird bewußt in Kauf genommen, um eine einwandfreie Informationsübergabe zu sichern. Erst am Ende des Freischalte-Signals wird die Information übernommen. Es wird anhand des Bildes deutlich, daß die Einlesegeschwindigkeit im wesentlichen von der Reaktionszeit des Lochstreifenlesers und der Verzögerungszeit bestimmt wird. Diese Schnittstelle erlaubt eine Einlesegeschwindigkeit von 150 Ze/s. Bei der Durchführung der Korrektur darf diese Geschwindigkeit nicht wesentlich unterschritten werden.

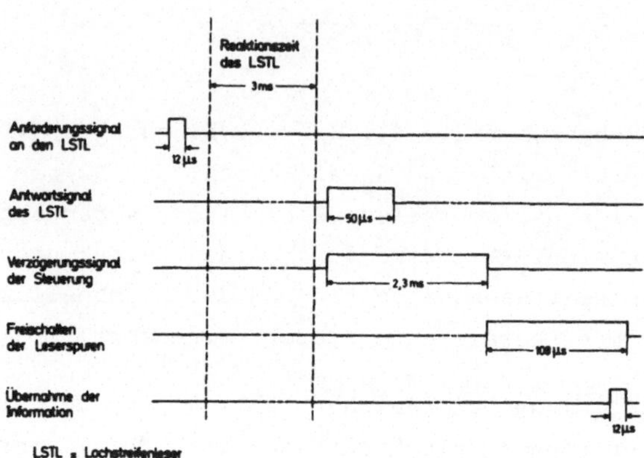

Bild 5-30: Schnittstelle Lochstreifenleser - numerische Steuerung

Unter der Berücksichtigung einer Korrektur setzt sich die Zeit T_E für das Einlesen in die Steuerung allgemein aus der Zeit für das Lesen vom Lochstreifen bzw. aus dem Programmspeicher T_{LSL} oder T_{PSP}, für das Korrigieren T_K und für das Auslesen aus dem Aufbereitungsspeicher T_{AUS} zusammen. Bild 5-31 verdeutlicht die Einlesezeiten.

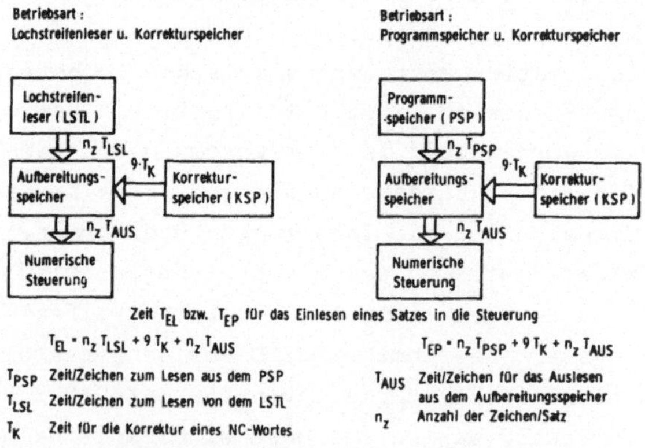

Bild 5-31: Einlesezeiten für einen NC-Satz

Die Zeit T_{PSP} wird von der Zykluszeit der verwendeten Speicherbausteine bestimmt. Dies gilt auch für T_K, jedoch ist dabei
ebenfalls die Größe des Speichers mit von Bedeutung. Mit steigender Speicherkapazität wächst die mögliche Korrekturzeit, da
entsprechend der wortweisen Korrektur die gesamte Information
des Korrekturspeichers untersucht wird. Die Zeit T_{LSL} wird
weitgehend von der Reaktionszeit des Lochstreifenlesers und
einem zeitlichen Sicherheitsabstand bestimmt. Die Zeit T_{AUS}
entspricht, abgesehen von Gatterlaufzeiten, der Zeit des Ver-
zögerungssignals aus Bild 5-30.

Bei der Eingabe vom Programmspeicher und gleichzeitiger Korrektur gilt für die Zeit zum Einlesen eines Satzes mit n_z Zeichen und 9 Worten pro Satz:

$$T_{EP} = n_z \, T_{PSP} + 9 \, T_K + n_z \, T_{AUS} \qquad (3)$$

mit

$$T_K = Z_K \, T_Z, \qquad (4)$$

wobei Z_K die aktuelle Menge der NC-Zeichen auf dem Korrekturspeicher angibt und T_Z die Zykluszeit des Speichers. Für reale
Werte ist

$$n_z \, T_{PSP} \ll 9 \, T_K + n_z \, T_{AUS}, \qquad (5)$$

so daß sich für die Einlesezeit

$$T_{EP} \approx 9 \, T_K + n_z \, T_{AUS} \qquad (6)$$

ergibt. Daraus erhält man die Eingaberate in Ze/s von

$$R_{EP} = \frac{n_z}{T_{EP}} \approx \frac{1}{(9 \, T_K)/n_z + T_{AUS}} \, . \qquad (7)$$

Man erkennt, daß sich für wachsende n_z der Einfluß der Korrekturzeit verringert. Darüber hinaus ergibt sich eine obere
Grenze bei $R_{EP,max} = 1/T_{AUS}$. Sie wird erreicht, wenn der Kor-

rekturspeicher keine Information enthält.

Für die Zeit zum Einlesen vom Lochstreifen bei gleichzeitiger
Korrektur gilt:

$$T_{EL} = n_z \, T_{LSL} + 9 \, T_K + n_z \, T_{AUS} \; . \tag{8}$$

Aus Gl. (8) errechnet sich die Eingaberate in Ze/s zu

$$R_{EL} = \frac{n_z}{T_{EL}} = \frac{1}{T_{LSL} + (9 \, T_K)/n_z + T_{AUS}} \; . \tag{9}$$

Im Gegensatz zu T_{PSP} kann T_{LSL} nicht vernachlässigt werden, so
daß der zeitkritische Fall beim Einlesen vom Lochstreifen
liegt. Anhand der Gl. (9) wird nun die Dimensionierung von T_K
vorgenommen, d. h. Kapazitätsbestimmung des Korrekturspeichers
und Festlegung der Zykluszeit der Speicher-Bauelemente.

Zur Verdeutlichung realistischer Eingabegeschwindigkeiten in
eine Drehmaschinensteuerung zeigt Bild 5-32 den Zusammenhang
zwischen der Eingabegeschwindigkeit R_E, der Bahngeschwindigkeit v_{is} und des zu verfahrenden Wegstücks s_w. Man entnimmt
diesem Bild, welche Wegstrecke pro Satz zurückgelegt werden
kann bei vorgegebener Eingabe- und Bahngeschwindigkeit. Bei
einer unteren Grenze für R_E von 100 Ze/s ist bei einer Bahngeschwindigkeit von 540 mm/min ein minimaler Punktabstand von
ungefähr 1,5 mm zulässig. Dieser Abstandswert liegt im Bereich
vorgegebener Werte für tabellierte Funktionen und kleine li-
nearisierte Kreisbögen.

Für übliche Werte von T_{LSL} = 5 ms/Ze und T_{AUS} = 2,3 ms/Ze erhält man mit Gl. (9) die Eingaberate in Abhängigkeit von der
Anzahl der NC-Zeichen pro Satz mit dem Parameter T_K (Bild 5-33).
Mit Rücksicht auf die Einhaltung der unteren Grenze für R_E bei
100 Ze/s lassen sich brauchbare Werte für

$$T_K = Z_K \, T_Z \leqq 1 \text{ ms} \tag{10}$$

ablesen.

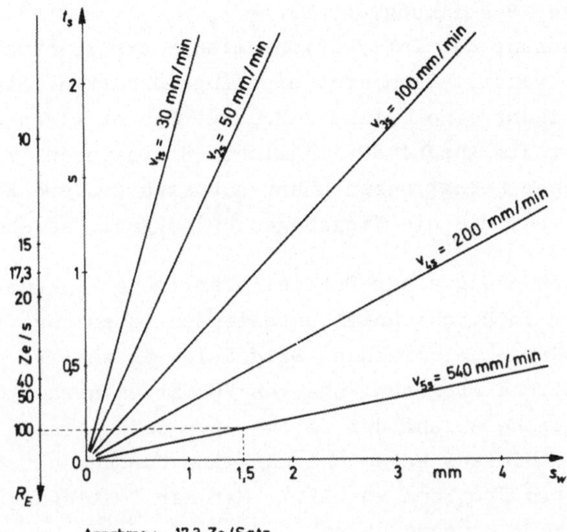

Bild 5-32: Abhängigkeit der Bahngeschwindigkeit von der Eingabegeschwindigkeit

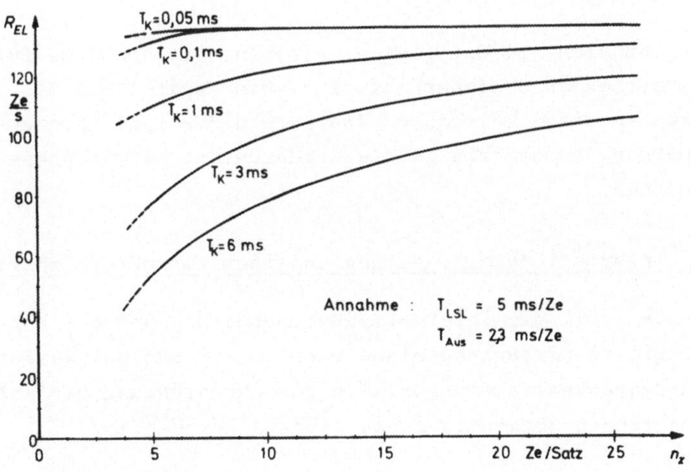

Bild 5-33: Bestimmung von T_K

Zur sinnvollen Bestimmung der Werte Z_K und T_Z aus Gl. (10) ist
eine Untersuchung des Informationsumfangs der zu erwartenden
Programme notwendig. Denn erst eine zugeschnittene Speicherkapazität erlaubt eine optimale Lösung. Ein zu kleiner Speicher begrenzt die Anzahl der möglichen Korrekturen, ein zu
großer Speicher bringt neben höheren Kosten größere Korrektur-
zeiten mit sich, die die Eingabegeschwindigkeit herabsetzen.

Bei der Untersuchung einer Drehteilefertigung ergaben sich
bezüglich der im Durchschnitt anfallenden Datenmenge für ein
NC-Programm Werte entsprechend Bild 5-16. Es stellte sich eine
durchschnittliche Programmlänge von 70 Sätzen heraus und die
durchschnittliche Anzahl der Zeichen pro Satz beträgt dabei
17,3 Zeichen. Hieraus berechnet man eine durchschnittliche
Zeichenzahl pro Programm von 1211. Mit der Festlegung der Kapazität des Korrekturspeichers in der Größe von 1000 Zeichen
findet man einen geeigneten Kompromiß zwischen den sich wider-
sprechenden Forderungen zur Dimensionierung der Speicher,
außerdem entspricht dies einer Größenordnung, die auf dem
Markt erhältlich ist.

Somit ergibt sich aus Gl. (10) eine Zykluszeit von 1 µs für
die einzusetzenden Speicherbausteine. Wie Kapitel 5.3.1.3
zeigt, können diese Zeiten von statischen MOS-Speichern erreicht werden, so daß sie in die Ergänzungseinheit eingesetzt
werden können.

5.3.1.5 Informationsverarbeitung in einer Korrektureinheit

Im folgenden soll die Informationsverarbeitung und die Korrekturstrategie der Ergänzungseinheit erläutert und auf wesentliche Hardware-Realisierungen, die zur Durchführung der Korrekturfunktionen notwendig sind, eingegangen werden.

Mit Hilfe des gegebenen Zeichenvorrats, bestehend aus Ziffern,
Buchstaben, Vorzeichen, programmtechnischen und formalen Sonderzeichen, wird die Eingabeinformation erstellt. Eine am Eingang der Ergänzungseinheit befindliche Schaltung untersucht

die ankommende Information auf ihren Gehalt (Bild 5-34).

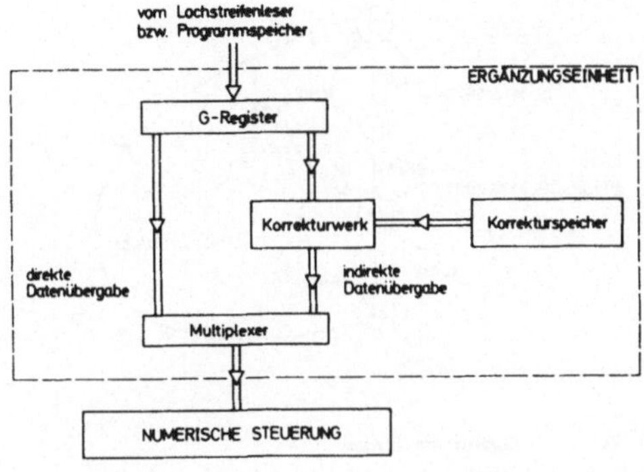

Bild 5-34: Datenübergabe an eine numerische Steuerung

Die Daten, die keine NC-Information im engeren Sinne beinhalten, werden direkt an die Steuerung übergeben. NC-Informatio-
nen im engeren Sinne, d. h. geometrische bzw. technologische
Angaben, werden über ein Korrekturwerk, in dem gegebenenfalls
die Korrektur stattfindet, zur Steuerung transferiert. Dies
ist in Bild 5-35 im einzelnen dargestellt. Die gesamte Information vor der Programm-Anfangsmarke, repräsentiert durch die
Zeichenkombination % LF, wird mit Ausnahme des Zeichens % unterdrückt. Das Zeichen % wird der Steuerung übergeben und der
Zustand Z2 erreicht. Entspricht das nachfolgende Zeichen
M1 $\wedge$ $\overline{\text{LF}}$, erfolgt ein Rücksprung nach Z1. Folgt jedoch auf das
Zeichen % das Zeichen LF, wird es an die Steuerung weiterge-
leitet und der Sprung zum Arbeitszustand Z3 vollzogen. Ausgehend von diesem Zustand wird die Information weiter selektiert.
Die Sonderzeichen HT, SP, DEL, NUL werden unterdrückt, die
Steuerzeichen SL, CR, PROZ direkt an die Steuerung übergeben
und die übrige Information Satznummer, Wegbedingung, Weginfor-
mation, Vorschub, Spindeldrehzahl, Werkzeugnummer, Zusatzin-
formation und Satzendemarke im nachfolgenden Steuerwerk weiter
verarbeitet. Im Korrekturwerk werden diese Angaben mit Ausnahme der Satznummer und der Satzendemarke bezüglich einer Korrektur überprüft. Die Grobstruktur der Ergänzungseinheit,

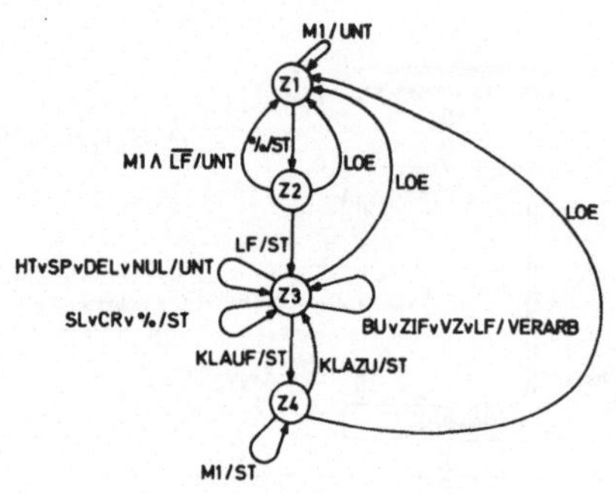

__Bild 5-35:__ Verarbeitung der Eingabeinformation

welche das Korrekturwerk unter anderem beinhaltet, zeigt Bild
5-36. Beim Erkennen einer Satznummer wird diese gleichzeitig
in den Speicher für die aktuelle Satznummer abgelegt und an
die numerische Steuerung weitergegeben. Diese Satznummer
bleibt bis zu Erkennung der Satzendemarke in dem Satznummern-
speicher erhalten. Mit dem Erkennen der Satznummer wird ebenfalls der Speicher für den aktuellen NC-Adreßbuchstaben nor-
miert. In diesem Speicher werden nacheinander die Adreßbuchstaben

N, :, G, X, Z, I, K, F, S, T, M, LF / 8 /

generiert. In Abhängigkeit von der zu steuernden Werkzeugmaschine kann diese Reihenfolge geändert werden. Nach der Ausgabe eines NC-Wortes wird dieser Speicher um eine Adresse oder
zur Überwindung der Zeichen mit gleicher Interpretation (N, :)
um zwei Adressen weiter getaktet.

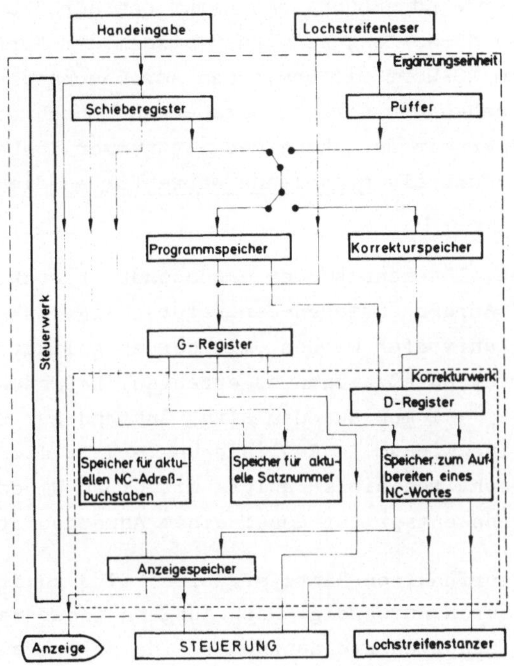

<u>Bild 5-36:</u> Aufbau einer Ergänzungseinheit für eine numerische
Steuerung

Die Korrekturfunktionen bezüglich eines einzelnen Zeichens
werden ausgeführt, wie die Funktionen bezüglich eines Wortes.
Dasselbe gilt für das Ersetzen und Löschen eines Satzes. Bei-
des wird wortweise durchgeführt. Die <u>ersetzende Korrektur</u>
eines Wortes kann dann durchgeführt werden, wenn der aktuelle
Adreßbuchstabe dem nächsten Adreßbuchstaben des vom Informa-
tionsspeicher anstehenden NC-Wortes entspricht. Mit Hilfe der
gespeicherten aktuellen Satznummer und des gespeicherten
Adreßbuchstabens kann durch Vergleich der neue Wert auf dem
Korrekturspeicher gefunden und so die Korrektur durchgeführt
werden. Da der Korrekturspeicher jeweils bis zur Informations-
endemarke durchgesucht wird, ist eine Korrektur der Korrektur
durchführbar. Zum Löschen eines Wortes steht eine entsprechende Information auf dem Korrekturspeicher. Entspricht der ak-

tuell gespeicherte Adreßbuchstabe nicht dem Adreßbuchstaben
des anstehenden NC-Wortes, so wird trotzdem der Korrekturspeicher nach einem NC-Wort mit demselben Adreßbuchstaben durch-
sucht. Stimmt neben dem Adreßbuchstaben auch noch die gespeicherte Satznummer mit der aktuellen Satznummer überein, so
wird dieses NC-Wort als <u>ergänzende Korrektur</u> an die Steuerung
übergeben.

Zur ersetzenden, löschenden oder ergänzenden Korrektur eines
Wortes ist der Adreßbuchstaben-Generator nötig. Es muß hierzu
eine Schaltung entworfen werden, mit der es gelingt, eine
Kette geforderter Adreßzeichen zu erzeugen. Der neue Zustand
zum Zeitpunkt T_n + 1 muß aus dem alten Zustand zur Zeit T_n
hervorgehen. Eine sinnvolle Realisierung ergibt sich durch das
Hintereinanderschalten eines Zählers mit einem Umcodierer.
Jeder Zählerstand entspricht dabei einem Adreßbuchstaben.

Für die Korrekturfunktion "Satz ergänzen" sind zusätzliche
Schaltungsaufbauten notwendig. Nach Ausgabe jeder Satzendemarke wird die gespeicherte Satznummer in der Art aufbereitet,
daß ein Suchen nach einem einzuschiebenden Satz möglich ist.
Dies setzt eine normierte Darstellung der Satznummer voraus.
Die einheitliche Satznummerndarstellung geschieht durch Umwandlung der vorgegebenen Satznummer in der Form:

$$N\ 4\ \longrightarrow Ni\ 004$$
$$N\ 19\ \longrightarrow Ni\ 019 \quad\quad mit\ i = 1,\ ...,\ 9.$$
$$N\ 856\ \longrightarrow Ni\ 856$$

Mit der Festlegung des Bereichs für die Zahl i wird gleichzeitig die maximal mögliche Anzahl der einzuschiebenden Sätze
angegeben. Bild 5-37 stellt die hierzu notwendige Schaltung
der Satznummern-Organisation dar. Das Schieberegister enthält
die Satznummer und Zähler 1 die Ziffernzahl der Satznummer
(für die aufbereitete Satznummer also vier). Zähler 2 zählt
rückwärts und gibt die jeweiligen Ziffern über den Multiplexer
zum Vergleich frei. Am Ende eines jeden Satzes wird die vierte
Stelle des Schieberegisters mit Hilfe des Addierers um jeweils

eins erhöht. Ist die Satzzahl um eins erhöht, entspricht der
weitere Vorgang beim Einschieben eines Satzes der Korrekturfunktion "Wert ergänzen".

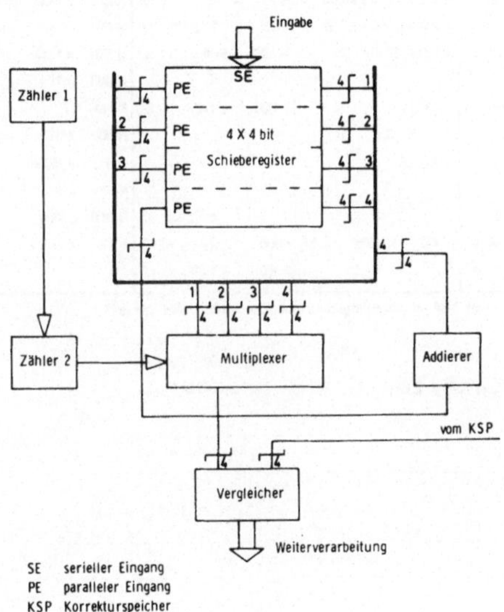

<u>Bild 5-37:</u> Satznummern-Organisation

Zusammenfassend enthält Bild 5-38 die sich aus den dargestellten Funktionen ergebenden Korrekturarten. Sie sind in einem
Labormodell realisiert. Den Aufbau des Modells zeigt Bild 5-39.
Man sieht, daß die Korrekturarten dieses Labormodells sehr gut
geeignet sind, die Anforderungen des Konzepts 2 aus Bild 4-1
hinsichtlich einer Korrektur an der numerischen Steuerung ausreichend zu erfüllen.

Art der Korrektur	Information auf dem PSP bzw. LSTL	KSP	wirksame Datenausgabe
NC - Wort ersetzen	N 100 X 7000 LF	N 100 X 20000 LF	N 100 X 20000 LF
NC - Wort ergänzen	N 100 X 10000 LF	N 100 S 3000 LF	N 100 X 10000 S 3000 LF
NC - Wort löschen	N 100 X 10000 Z 10000 LF	N 100 X / *) LF	X 100 Z 10000 LF
Satz löschen	N 100 X 10000 Z 10000 LF	N 100 X / *) Z / *) LF	N 100 LF
Satz einschieben	N 100 X 10000 LF	N 1100 M 15 LF	N 100 X 10000 LF
			N 1100 M 15 LF
Unterprogrammtechnik	N 100 LF	N 1100 Z 1000 LF	N 100 LF
	N 5 X 10000 LF		N 1100 Z 1000 LF
	N 100 LF		N 5 X 10000 LF
			N 100 LF
			N 1100 Z 1000 LF
Korrektur der Korrektur	N 100 X 5000 LF	N 100 X 20000 LF	N 100 X 10000 LF
		N 100 X 10000 LF	

*) / das NC - Wort mit vorausgegangenem Adreßbuchstaben wird gelöscht

Bild 5-38: Möglichkeiten der Korrektur

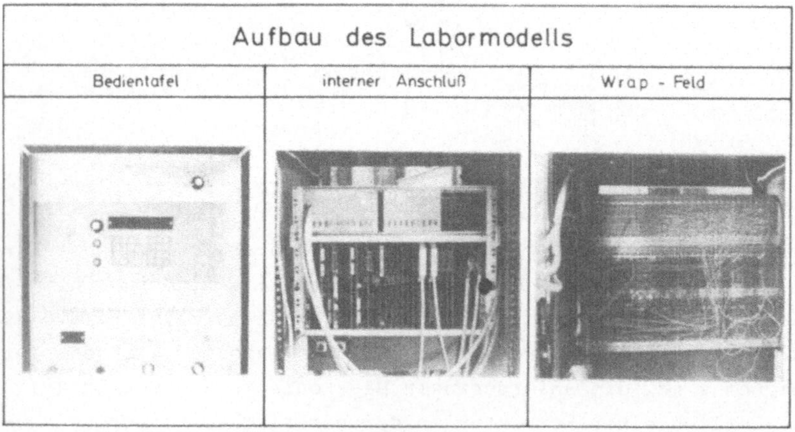

Bild 5-39: Aufbau des Labormodells

6 Zusammenfassung

Mit der Darlegung einer detaillierten Analyse für NC-Programmiersystem, Anpassungsprogramm, numerische Steuerung und rechnergeführter Steuersysteme wurden der bisher realisierte und automatisierte Funktionsumfang in Teilbereichen der Fertigungsvorbereitung und in der Fertigung aufgezeigt.

Zur besseren Nutzung der automatisierten Funktionen ist ein integriertes Gesamtsystem notwendig. Für seine Realisierung ergaben sich zwei unterschiedliche Strukturen: eine mit zentraler und eine mit dezentraler Verwaltung für Programme und Daten.

Anhand der für das Gesamtsystem erforderlichen Eigenschaften wurde der Einsatz von integrierten Programmsystemen bewertet.

Bei der Integration der untersuchten Komponenten war eine Funktionsneuzuordnung notwendig. Für die einzelnen Bereiche führte das zu neuen Aufgaben, wobei sich zwischen den einzelnen Bereichen Funktionsabhängigkeiten ergaben, denen Rechnung getragen wurde.

Die Werkstück-Geometrie-Datei enthält die Werkstück-Geometrie in einer rechnerinternen Darstellung, damit erübrigt sich eine Geometrieverarbeitung im NC-Programmiersystem in der bisherigen Form.

Die vollständige Zyklenauflösung und Unterprogrammtechnik wird im Programmiersystem durchgeführt und entfällt damit als Funktion in der Steuerung.

Der Einfluß von AC-Einheiten in numerischen Steuerungen auf die Programmiersprache und die Programme des Programmiersystems wurde analysiert und notwendige Änderungen wurden an den Programmen vorgenommen.

Der Aufbau einer Werkzeugmaschinenkartei ermöglicht die vollständige Anpassung an Steuerung und Werkzeugmaschine im Programmiersystem. Damit wird das Anpassungsprogramm hinfällig.

Durch den Fortfall des Anpassungsprogramms ist ein neues
Schnittstellenformat zu definieren. Als Datenformat an der
Schnittstelle zwischen NC-Programmiersystem und numerischer
Steuerung wird das CLDATA-Format vorteilhaft festgelegt.

Für das DNC-System verbleiben die Aufgaben NC-Programmverteilung und -verwaltung sowie Betriebsdatenverarbeitung.

In der numerischen Steuerung ergibt sich aufgrund der Auflösung des Anpassungsprogramms, der Wahl des Schnittstellenformats und der Funktionszuordnungen für das Programmiersystem
und das DNC-System ein neues Funktionsspektrum. Es sind die
Funktionen NC-Programmspeicher, NC-Programmkorrektur und Betriebsdatenerfassung notwendig.

Es wurde eine Ergänzungseinheit zu einer numerischen Drehmaschinensteuerung vorgestellt, mit der es aufgrund des modularen Aufbaus möglich ist, unterschiedliche Steuerungsvarianten
mit verschiedenen Aufgabenspektren aufzubauen. Auf wesentliche
Hardware-Realisierungen, die zum Aufbau der Ergänzungseinheit
notwendig sind, wurde in der Arbeit eingegangen.

Berichte aus dem Institut für Steuerungstechnik der Werkzeugmaschinen und Fertigungseinrichtungen der Universität Stuttgart

Herausgegeben von Prof. Dr.-Ing. G. Stute

ISW 1: D. Schmid, Numerische Bahnsteuerung, 89 S., 1972, DM 24,–

ISW 2: H. Schwegler, Fräsbearbeitung gekrümmter Flächen, 111 S., 1972, DM 24,–

ISW 3: J. Eisinger, Numerisch gesteuerte Mehrachsenfräsmaschinen, 90 S., 1972, DM 24,–

ISW 4: R. Nann, Rechnersteuerung von Fertigungseinrichtungen, 125 S., 1972, DM 36,–

ISW 5: G. Augsten, Zweiachsige Nachformeinrichtungen, 140 S., 1972, DM 36,–

ISW 6: B. Karl, Die Automatisierung der Fertigungsvorbereitung durch NC-Programmierung, 121 S., 1972, DM 30,–

ISW 7: H. Eitel, NC-Programmiersystem, 117 S., 1973, DM 30,–

ISW 8: E. Knorr, Numerische Bahnsteuerung zur Erzeugung von Raumkurven auf rotationssymmetrischen Körpern, 130 S., 1973, DM 36,–

ISW 9: S. Bumiller, Viskohydraulischer Vorschubantrieb, 123 S., 1974, DM 36,–

ISW 10: K. Maier, Grenzregelung an Werkzeugmaschinen, 140 S., 1974, DM 40,–

ISW 11: J. Waelkens, NC-Programmierung, 160 S., 1974, DM 44,–

ISW 12: E. Bauer, Rechnerdirektsteuerung von Fertigungseinrichtungen, 138 S., 1975, DM 40,–

ISW 13: H. König, Entwurf und Strukturtheorie von Steuerungen für Fertigungseinrichtungen, 206 S., 1976, DM 58,–

ISW 14: H. Damsohn, Fünfachsiges NC-Fräsen, 143 S., 1976, DM 38,–

ISW 15: H. Jetter, Programmierbare Steuerungen, 141 S., 1976, DM 40,–

ISW 16: H. Henning, Fünfachsiges NC-Fräsen gekrümmter Flächen, 180 S., 1976, DM 48,–

ISW 17: K. Boelke, Analyse und Beurteilung von Lagesteuerungen für numerisch gesteuerte Werkzeugmaschinen, 105 S., 1977, DM 28,–

ISW 18: F.-R. Götz, Regelsystem mit Modellrückkopplung für variable Streckenverstärkung, 116 S., 1977, DM 32,–

ISW 19: H. Tränkle, Auswirkungen der Fehler in den Positionen der Maschinenachsen beim fünfachsigen Fräsen, 103, S., 1977, DM 28,–

ISW 20: P. Stof, Untersuchungen über die Reduzierung dynamischer Bahnabweichungen bei numerisch gesteuerten Werkzeugmaschinen, 118 S., 1978, DM 34,–

ISW 23: H. G. Klug, Integration automatisierter technischer Betriebsbereiche, 125 S., 1978, DM 34,–

In Vorbereitung:

ISW 21: R. Wilhelm, Planung und Auslegung des Materialflusses flexibler Fertigungssysteme, 142 S., 1978

ISW 22: N. Kappen, Entwicklung und Einsatz einer direkten digitalen Grenzregelung für eine Fräsmaschine mit CNC, 112 S., 1978

ISW 24: D. Binder, Interpolation in numerischen Bahnsteuerungen, ca. 130 S., 1978

ISW 25: O. Klingler, Steuerung spanender Werkzeugmaschinen mit Hilfe von Grenzregeleinrichtungen (ACC), ca. 125 S., 1978

Springer-Verlag
Berlin · Heidelberg · New York